本书得到教育部人文社会科学研究项目"老年痴呆症患者前瞻记忆的脑机制与应用研究"（09YJCXLX011）和上海市哲学社会科学规划课题"前瞻记忆老化的社会心理机制研究"（2017BSH009）资助

The Development of
Prospective Memory

Memory

前瞻记忆的发展

王丽娟 刘 伟 郭 纬 / 著

科学出版社

北 京

内 容 简 介

前瞻记忆的发展伴随个体一生，直接影响个体的学习和生活质量。本书从发展视角对前瞻记忆的理论框架、研究方法、正常和异常个体前瞻记忆的发展特点进行了梳理。

全书包括三篇共八章。第一篇对前瞻记忆的基本概念、理论模型及研究方法进行了概述和分析；第二篇从毕生发展角度对正常个体前瞻记忆的发展进行了介绍，以使读者对不同年龄阶段正常个体的前瞻记忆发展特征有一个全面而深入的了解；第三篇则从临床视角介绍了异常发展群体的前瞻记忆发展特点。

本书对心理学和教育学领域的学者、学生，以及中小学教育工作者和对记忆心理学感兴趣的普通大众有重要参考价值。

图书在版编目（CIP）数据

前瞻记忆的发展 / 王丽娟，刘伟，郭纬著. —北京：科学出版社，2019.9
ISBN 978-7-03-062370-6

Ⅰ．①前… Ⅱ．①王… ②刘… ③郭… Ⅲ．①记忆术 ②学习方法
Ⅳ．①B842.3 ②G791

中国版本图书馆 CIP 数据核字（2019）第 208784 号

责任编辑：孙文影 冯雅萌 / 责任校对：王晓茜
责任印制：李 彤 / 封面设计：润一文化

联系电话：010-64033934
E-mail：edu_psy@mail.sciencep.com

科 学 出 版 社 出版
北京东黄城根北街 16 号
邮政编码：100717
http://www.sciencep.com

北京建宏印刷有限公司 印刷
科学出版社发行 各地新华书店经销

*

2019 年 9 月第 一 版 开本：720×1000 1/16
2019 年 9 月第一次印刷 印张：13 3/4
字数：250 000
定价：89.00 元
（如有印装质量问题，我社负责调换）

P序
PREFACE

前瞻记忆（prospective memory，PM）是一种日常生活中常见的记忆类型，尽管个体常常会忽略这种能力，它却是我们每个人正常生活、执行日常任务所不可或缺的。1990 年以来，随着行为学研究方法的突破，前瞻记忆成为记忆心理学研究的热点之一。今天，前瞻记忆已经不仅被当成一种简单的记忆类型，而且被视为实际上包含编码、抑制与激活、提取和执行等复杂的认知加工过程。随着学界对前瞻记忆的研究不断走向深入，前瞻记忆所涉及的认知功能对处在发展早期或晚期人类个体的意义越来越多地被揭示出来。例如，对于儿童，前瞻记忆的成功执行意味着儿童可以开始尝试自主意义上的生活；而对于年长者，前瞻记忆损伤可能是其认知功能损伤或脑损伤的早期信号。

前瞻记忆对个体发展的重要意义不断得到证明。在这一时期，能诞生一本总结前瞻记忆过往数十年研究的著作，从个体发展的视角描绘正常和异常个体前瞻记忆能力发展的曲线，对于理解前瞻记忆研究的过去、展望前瞻记忆研究的未来都是大有裨益的。《前瞻记忆的发展》一书所总结的研究结果，一方面初步厘清了正常个体前瞻记忆毕生发展的基本脉络，即从幼儿期的初现端倪，到青少年和成人早期的"登峰造极"，再到中老年阶段的缓慢衰退，概括并分析了各年龄段个体执行意图行为的能力和关键影响因素；另一方面，该书也关注了部分异常群体［如注意缺陷多动障碍（attention deficit hyperactivity disorder，ADHD）患者、阿尔茨海默病患者］前瞻记忆的发展特点。前瞻记忆的测量、训练和干预在此类患者的辅助诊断和行为治疗方面具有积极作用。该书所总结的相关内容，有望激励相关领域的研究者和实践者以发展的视角整合医学、认知神经科学、遗传学、心理学等学科的力量，关注和解决少数群体的生活福祉问题。

　　该书的三位作者是在华东师范大学攻读博士学位期间的同窗，都以前瞻记忆发展为主题完成了学位论文。毕业多年后，他们都已成长为优秀的学者，工作或研究的领域也有了很大拓展和延伸，但无一例外都还关注着前瞻记忆这一他们卓越学术生涯起步的领域，并持续进行前瞻记忆领域的研究工作。该书即他们基于攻读博士学位期间以及近年来的最新研究成果写就。通过该书，那些深深吸引了三位前瞻记忆的长期研究者的重要科学问题，或许也能引发读者的共鸣：幼儿前瞻记忆能力是如何产生的？经验和成熟各自在多大程度上促进了青少年前瞻记忆的发展？吸烟和饮酒、神经症、脑损伤等对成年人的前瞻记忆有何影响？老年人前瞻记忆加工能力衰退的脑机制是什么？一些老年性疾病，如阿尔茨海默病、帕金森病等与老年人前瞻记忆功能减退有何关系？凭借着激发、介绍、讨论所有这些疑惑，该书作者向读者展现了一条具有无限可能的、激动人心的前瞻记忆未来研究之路。该书资料翔实，结构清晰，在保证学术深度基础上兼顾了全面性和可读性。作为他们的朋友、学长和同行，我钦佩他们这种潜心钻研的执着精神和坚持初心的学术情怀，也相信该书能为记忆心理学及相关领域的研究者和学习者提供有价值的参考。

郭秀艳[①]

2019 年 5 月于华东师范大学

① 华东师范大学心理与认知科学学院副院长、脑科学与教育创新研究院副院长，教授、博士生导师，教育部长江学者特聘教授，国家"万人计划"哲学社会科学领军人才。

F前 言
OREWORD

　　前瞻记忆作为一种常见的认知活动，不仅与人们的日常生活息息相关，而且与人类的某些高级认知功能联系密切。如 McDaniel 和 Einstein（2000）所言，"人类的计划性与未来导向的行为密切相关，这种高级认知能力是人类作为一个个体和种族适应环境的根本能力"。

　　研究表明，当人们回忆失败事件的时候，想起的内容大多与前瞻记忆有关（Meacham，1977；Crovitz & Daniel，1984；Einstein & McDaniel，1996；Kvavilashvili & Ellis，1996）。例如，Terry（1988）发现，日常生活中，前瞻记忆失败在所有记忆失败案例中占比为 50%～70%。再如，机场调度失误造成的空难、医务人员疏漏造成的医疗事故、家长把孩子遗忘在汽车后座导致孩子闷死等惨痛事故的发生也都与前瞻记忆任务的失败有关（Reason & Mycielska，1982；Stone et al.，2001）。此外，临床研究发现，一些患者，如阿尔茨海默病患者、脑损伤患者等，所遇到的问题之一就是前瞻记忆能力明显下降。

　　在记忆的理论框架中，较之回溯记忆（retrospective memory，RM），前瞻记忆是一种指向未来的记忆，这一研究领域的确立标志着人们开始关注人类执行计划和行动的能力。但相对于传统的记忆研究领域来说，前瞻记忆领域的研究才刚刚开始。

　　自艾宾浩斯在 1885 年发表了一篇具有开创意义的实验报告以后，记忆就成为心理学中实验研究最多的领域之一（杨治良等，1999）。20 世纪 60 年代以来，在信息加工理论思潮的影响下，记忆领域的研究得以深入开展。时至今日，出现了诸多具有一定解释范围的理论概念和模型。Waugh 和 Normal（1965）与

Glanzer 和 Cunitz（1966）提出了记忆结构理论框架——原型模型，为其后记忆领域的研究提供了指导。而得到研究者广泛认可的记忆三级加工模型（Atkinson & Shiffrin，1968）正是以该理论为基础提出来的。此后，记忆领域的研究者主要围绕记忆编码、存储和提取的过程来研究记忆各分支领域的加工过程。

随着理论和实证研究的深入，记忆领域的研究广受关注，并取得了实质性进展。其中，最重要的里程碑是无意识记忆实验分离现象的证实（Jacoby，1991；Jacoby et al.，1993；Yonelinas & Jacoby，1995）。无意识记忆的研究始于 Warrington 和 Weiskrantz（1968，1974）在遗忘症患者身上发现内隐记忆的现象，这重新激发了人们对无意识的研究兴趣（杨治良，李林，2004）。无意识记忆研究领域的拓展使得心理学中对记忆和意识领域的研究向前迈了一大步，研究者开始运用标准的实验方法对意识进行量化研究。

梳理记忆研究史可知，工作记忆概念的提出可被视为记忆研究领域发展进程中另一个具有重要里程碑意义的事件。Atkinson 和 Shiffrin（1971）在提出记忆的三级加工模型之后，发现该模型并不能对一些复杂的记忆现象做出合理的解释，因而曾对短时记忆内部加工机制提出理论猜想，认为短时记忆具备工作记忆的性质，即在加工过程中不仅负责暂时信息的存储，还可能对信息材料进行监督和调控，以便对其进行进一步加工。随后，Baddeley 和 Hitch（1974）基于短时记忆实验研究提出了工作记忆（working memory，WM）的概念，强调工作记忆在对信息进行存储的同时，还可能对当前信息进行加工和运算。

Baddeley（1986，1992）曾先后两次对工作记忆理论做出重要的修改和完善，最终提出了工作记忆系统的概念。[1]工作记忆系统一经提出便得到了众多实证研究的证实（Baddeley & Logie，1999；Becker，1994；Gathercole，1994；Goldman-Rakic，1987），并极大地促进了记忆领域的研究进展。随后，在实验研究的基础上，Baddeley（2000）进一步修正和补充了工作记忆系统的结构，提出了情景缓冲器（episodic buffer）的概念[2]（Baddeley & Hitch，2000；Baddeley，

---

[1] Baddeley（1986，1992）提出工作记忆系统包括三个子系统，分别为中央执行系统（central executive system）、语音环路（phonological loop）和视空间画板（visuo-spatial sketchpad）。其中，中央执行系统是主成分，主要是指有限的注意资源及对这种资源的合理分配和调控，另外两个子系统附属于中央执行系统，分别负责听觉和视觉通道的材料以及空间信息的编码、存储和加工。

[2] Baddeley（2000）提出情景缓冲器是工作记忆系统中一个新的子系统，与另外两个子系统并列附属于中央执行系统，主要负责整合来自这两个子系统的信息。

2001）。Gooding 等（2005）在研究中提出，情景缓冲器在负责信息整合与捆绑的过程中可对未来目标和行动形成表征。可见，工作记忆可能对未来意向行为的表征形成起重要作用，这是一个值得进一步探讨的问题。

综上所述，从内隐记忆的实验性分离现象，到工作记忆系统的提出，研究者认识到记忆是一个复杂的加工系统，并基于这一论点进一步探究记忆的加工机制及记忆与其他高级心理过程，如注意、言语、理解、推理和问题解决等的交互作用问题；而且，这种多重记忆系统的确立也更符合意识和脑的复杂性特点。

尽管记忆领域的研究取得了上述令人瞩目的成果，但是仍存在两方面明显不足：①记忆领域中基于几个重要的理论模型的研究几乎是孤立进行和展开的，缺少必要的沟通和讨论；②记忆领域一直忽视日常生活中记忆现象的研究，现有的记忆理论几乎无法解决现实问题。

半个多世纪以前，英国心理学家巴特莱特（Bartlett）在其著作《记忆：一个实验的与社会的心理学研究》（*Remembering*：*A Study in Experimental and Social Psychology*）中批评和否定了艾宾浩斯的理论观点，反对其脱离实际生活的记忆研究方法（巴特莱特，1998）。Bartlett 在其研究生涯中一直倡导基础理论心理学研究的应用化，但遗憾的是，这一观点在当时并未得到主流心理学家的关注和认可，而且，半个世纪以来也一直处于被忽视的状态。

随着研究方法和记忆理论的不断更新和完善，近年来，研究者越来越关注日常生活中的记忆现象及其内在的加工机制（Herrmann & Neisser，1978），如前瞻记忆、错误记忆、自传体记忆以及情绪与记忆之间的关系等领域的研究，从而完善了记忆领域的研究体系，弥补了对日常生活中记忆现象研究的欠缺和不足。前瞻记忆领域的研究正是在这一背景下发端和兴起的。此外，前瞻记忆具有从无意识到有意识的动力加工特性，因此，这一领域的研究无疑将为进一步完善与整合记忆加工理论框架提供理论和实证支持。

C目录 ONTENTS

◤ 第6章 老年人的前瞻记忆：真的衰退了吗？ /117

第一篇

前瞻记忆：一个新的研究领域

如果我在早晨决定在傍晚要做某件事情，那么这一天里，我必然时时会暗中自我提醒，这并不需要意识在一整天里都参与进来。而当离执行的时间越来越近，意识便会陡然冒出，以便让我来得及为其做好充分的准备。

——（Freud，1901）

前瞻记忆是指对将来要完成的某项活动或事件的记忆。正如上述所描述的情景，人类大部分重要的认知活动都可被称为前瞻记忆（Burgess，2000）。例如，记着见到某人时给他带个口信，或者记得半个小时之后打一个重要的电话等，都是日常生活中常见的、典型的前瞻记忆任务。

追溯前瞻记忆的研究历史，与前瞻记忆相关的研究最早见于 Colegrove（1899）关于人们如何记住赴约问题的探讨，在 Lewin（1926，1951）的《意向，愿望和需要》研究中也有所论及。随后，Birenbaum（1930）开始关注前瞻记忆，不过当时只是把前瞻记忆现象作为一种实验任务来进行研究。Loftus（1971）最早从认知心理学的角度研究前瞻记忆现象，但这个时候前瞻记忆还被称为意向记忆（memory for intentions）。而作为一个心理学术语，前瞻记忆的概念由 Meacham 和 Leiman（1975）在研究中正式提出。因而，从 20 世纪 70 年代左右，研究者开始注意前瞻记忆这个日常生活中常见但却一直被忽视的记忆研究课题，并开始对其展开较为严格的实证研究。

Harris（1984）发表了一篇关于前瞻记忆的重要评论，对这一新生领域的研究状况、发展及存在的问题进行了较为深入的讨论。此后，该领域的研究一般采用自然情景范式。尽管该方法所采用的研究材料、设置的任务基本来源于日常生活，如邮寄卡片的任务（Meacham & Leiman，1975，1982）等，但由于不可控因素较多，无法进行重复验证。因而，无论是在研究质量还是研究数量上，与回溯记忆研究相比，前瞻记忆研究都相差甚远。

自 Einstein 和 McDaniel（1990）提出了经典的前瞻记忆实验室研究范式后，前瞻记忆的研究与日俱增。研究者开始从研究材料、任务设置和被试群体等不同角度，对前瞻记忆进行了深入研究和探讨。在 1994 年召开的应用记忆大会上，组委会专门设立了两个前瞻记忆分会，并开辟了一个前瞻记忆展板来展示和讨论前瞻记忆领域的研究。经过 10 多年严格的实证研究，前瞻记忆领域的探索取得了实质性的进展。而这种生活中常见的、与人们的日常生活质量密切相关且有着广泛应用价值的记忆研究领域，也引起了更多研究者的关注。与此同时，第一部关于前瞻记忆的论著——《前瞻记忆：理论和应用》（*Prospective Memory*：*Theory and Applications*，Brandimonte）（Einstein & McDaniel，1996）也应运而生。

第一部论著的问世可以被看作是前瞻记忆研究领域一个重要的里程碑（Kvavilashvili & Ellis，1996），标志前瞻记忆作为一个独立的记忆研究分支领域的地位得到了肯定和认可。2000 年 7 月，第一届国际前瞻记忆大会在英国赫特福德郡的赫特福德大学召开，大会的论文摘要集共收录了 53 篇论文摘要。次年，《应用认知心理学》（*Applied Cognitive Psychology*）杂志从第一届前瞻记忆大会的论文中选取了部分论文，出版了一期前瞻记忆专刊。专刊在讨论中对前瞻记忆的定位是：前瞻记忆是一种较为复杂的认知过程，其最为重要的特征是内隐无意识的自动提取加工（Ellis & Kvavilashvili，2000）。2005 年 7 月，第二届国际前瞻记忆大会在瑞士的苏黎世大学召开，大会的论文摘要集共选取收录了 83 篇论文摘要。在这次会议上，研究者除了交流该领域最新的理论进展和研究方法等问题外，还对前瞻记忆的概念系统做了初步的规范，并对一些分歧问题进行磋商和讨论，最后达成一致见解。例如，确定了将前瞻记忆"prospective memory"的缩写统一定为"PM"，将回溯记忆"retrospective memory"的缩写统一定为"RM"等。大会还确定了此后每四年召开一次国际前瞻记忆大会。2008 年，第二部前瞻记忆领域的论著——《前瞻记忆：认知，神经科学，发展和应用视角》（*Prospective Memory：Cognitive，Neuroscience，Developmental，and Applied Perspectives*）（Kliegel et al.，2008）问世。此后，前瞻记忆研究受到了越来越多的关注和重视，并逐渐成为记忆领域研究的热点之一（Graf & Uttl，2001）。

国内，赵晋全和郭力平（2000）首次对国外前瞻记忆的研究现状进行了介绍。杨治良、孙连荣和唐菁华（2012）在其专著《记忆心理学》中首次对前瞻记忆的理论和研究成果进行了系统阐述，内容涉及前瞻记忆的概念、研究方法、理论假设以及老化效应等。刘伟（2014）出版了国内第一部前瞻记忆专著——《前瞻记忆：社会心理学的视野》，从社会心理学的角度对前瞻记忆的加工机制、特点以及影响前瞻记忆的社会心理因素进行了深入论证和分析。

第 1 章

基本概念与理论模型

　　前瞻记忆是指对未来某一时刻完成某项或某些意向活动的记忆。这种记忆是每个人日常生活中必不可少的一部分，从记住邮寄快递、回复朋友电话，到回家的路上记得去超市买牛奶，再到记得按时吃药等更为迫切的行为需求，良好的前瞻记忆能力能够保证日常生活中各项活动或计划的顺利完成。正因为如此，前瞻记忆是协调和控制认知技能的一个关键因素，是我们完成许多现实活动的能力基础。因此，它不应该被视为处于认知心理学边缘的一种记忆类型，而应该是我们进一步理解如何将意图转化为行动的核心（Ellis & Kvavilashvili，2000）。然而，作为一种认知结构，前瞻记忆是复杂的，包括许多类型、成分、加工过程和阶段，这可能导致对它的定义、本质特征的认识存在一定困难和差异。基于此，研究者提出简单激活、注意/差异＋搜索、多重加工等模型试图对前瞻记忆做出科学合理的解释。

1.1

前瞻记忆的概念

1.1.1　前瞻记忆的定义和性质

Loftus（1971）提出，心理学家在回答意向如何转变成未来行为这一问题的时候，将之称为一种记忆，即一种把意向存储在记忆中，然后在以后某一时刻提取出来并实现（完成）的记忆，这种记忆被称为意向记忆或者是前瞻记忆（Meacham & Leiman，1975，1982； Einstein & McDaniel，1990；Kvavilashvili & Ellis，1996）。

诸多研究者对前瞻记忆的定义有着较为一致的看法，几乎未见到不同意见的出现。例如，Ellis（1996a）提出前瞻记忆是对延迟意向的实现；McDaniel 和 Einstein（2000）认为前瞻记忆是指形成意向并在将来某一恰当的时刻实现这一意向的记忆；Burgess 等（2001）认为前瞻记忆是指个体在某个延迟之后执行一个有意行动的记忆；Henry 等（2004）则将前瞻记忆概括为对未来意向的记忆。但在前瞻记忆的性质方面，心理学家却有着不同的认识——有研究者甚至并不承认前瞻记忆的单独存在，而把它视为回溯记忆的一种，是与语义记忆相对应的、特殊的情景记忆（Crowder，1996）；也有研究者认为它是一种长时记忆（赵晋全和郭力平，2000）。但近年来，研究者极少再对前瞻记忆的上位概念进行探讨，而是把它作为与回溯记忆对应的一种独立的记忆种类来进行研究。

总之，前瞻记忆是指对未来某一时刻完成某项或某些意向活动的记忆，如，记住在下班的路上买一本书或者半个小时以后打个电话等，前者的提取线索为事件，称为基于事件的前瞻记忆（event-based prospective memory，EBPM）；后者的提取线索为时间，称为基于时间的前瞻记忆（time-based prospective memory，TBPM）（Einstein & McDaniel，1996）。Caeyenberghs 等（2005）的研究发现，基于事件和基于时间的前瞻记忆是由不同的执行功能支持的，基于事件的前瞻记忆主要涉及心理转移和认知弹性，而基于时间的前瞻记忆主要涉及有效的抑制和时间监控能力。

　　典型的前瞻记忆实验室研究方法来自 Einstein 和 McDaniel（1990）提出的双任务范式（dual task paradigm），即被试在完成进行中任务（ongoing tasks，OT）（如单词分类）的同时，记着要完成前瞻记忆任务，即对特定的前瞻记忆线索（如出现在单词分类任务中的字母"p"）进行按键反应（Kliegel et al.，2004）。在双任务范式中，前瞻记忆任务和进行中任务同时竞争有限的执行资源，一部分资源用来完成进行中任务，而另一部分资源用来监测目标事件出现的环境（Smith，2003；Smith & Bayen，2004）。

　　因为前瞻记忆任务是镶嵌在日常进行的活动中，所以执行前瞻记忆任务所涉及的认知过程比较复杂。Dobbs 和 Reeves（1996）认为前瞻记忆不仅仅是记忆（Ellis，1996b），它既受到某些认知因素，如工作记忆容量、中央执行功能、注意分配、流体智力、情景记忆和知觉速度等认知能力的影响（Salthouse et al.，2004），又受到诸多非认知因素，如情绪、动机和人格等因素的影响（Meacham，1982，1988；Searleman，1996；McDaniel & Einstein，2000；Einstein & McDaniel，1996；Park & Kidder，1996；Marsh et al.，2000）。例如，老年人在治疗的过程中常常面临着服药的问题，既要记得执行服药这一行为，又要记得在特定的时间，如早饭后或者每隔几个小时服药一次，而且，常需要记住早饭和晚饭后服用的是不同颜色的药片（Einstein & McDaniel，1996）。日常生活中，一些老年人因对自己的前瞻记忆没有信心而求助于他人或者依靠某种策略的帮助，如请家人提醒或者把药瓶放在显眼的位置。清晨起床之后，老年人可能就要计划一天的安排，包括对服药事件的计划和安排，把服药事件尽可能具体地安排到一天的活动中，以便更好地完成服药任务。一般情况下，特定时刻的到来，或者当看到药瓶线索的时候，老年人的服药意向就会被激活，然后执行服药的行为。但在某些特殊的情况下，例如，当他正要服药的时候电话铃声响了，这个时候他不得不中断服药的行为去接电话，当接完电话之后，他需要把注意力再度转移到先前服药的行为上，并且要对是否吃过药进行判断和决策，进而完成服药任务。从上例中可以看出，前瞻记忆过程涉及计划、感知觉、注意的激活和抑制、回溯记忆、判断和决策以及实施行为等多种复杂认知过程。

1.1.2 前瞻记忆任务的特点

1. 提取的自发性

前瞻记忆任务的第一个特点是提取的自发性。Craik（1986）指出，有些记忆任务比其他的记忆任务需要更多的自发性操作，而且自发性操作对前瞻记忆来说尤为重要（Einstein & McDaniel，1996；McDaniel，1995）。与回溯记忆相比，后者更需要外在线索的提示。研究回溯记忆的词汇测验通常要求被试提取先前学习过的外语单词，所以任务线索明确且确定。而前瞻记忆任务在意向形成之后，并没有明确的外在提示引发前瞻记忆任务的完成，往往需要被试自动监测和识别外在环境中的线索，从而完成前瞻记忆任务。例如，在 Kvavilashvili 等（2001）的研究中，主试事先告知儿童被试前瞻记忆任务的指导语，在确保他们充分理解了前瞻记忆任务之后，插入 2 分钟左右的干扰任务，即引导儿童参与到有趣的绘画活动中，之后直接进入正式实验，而不再重复先前的前瞻记忆任务的指导语。研究结果证明，即使不再提醒儿童完成前瞻记忆任务，仍有74%的年幼儿童能够自发地完成前瞻记忆任务。可见，与回溯记忆相比，前瞻记忆的提取机制存在自发性的特点。

2. 任务的镶嵌性

前瞻记忆任务的第二个特点是任务的镶嵌性，即个体所执行的意向行为往往嵌于正在进行的活动之中（Kvavilashvili & Ellis，1996；Baddeley & Wilkins，1984；Cohen，1989；Ellis，1996b；Harris & Wilkins，1982；Meacham，1982；Morris，1992）。换句话说，前瞻记忆任务的意向形成以后，个体即开始从事其他活动，前瞻记忆任务的执行常常需要在结束一种任务（或一段时间）之后，或者前瞻记忆任务线索一旦出现，便中断进行中任务，转而执行前瞻记忆目标活动。因而，在完成前瞻记忆任务的过程中，个体常常需要调动注意资源来监测环境中的线索，或者需要实现注意力的转移，即个体需要不断地在两种任务间进行跳跃性的注意维持。例如，在一项研究中，研究者要求被试在执行图片命名任务（进行中任务）的过程中，当看到动物图片时则执行另一项任务——把图片放到某个篮子里（前瞻记忆任务）（Kvavilashvili et al.，2001）。实验在两种条件下进行，一种是把目标图片放在最后位置，另一种则是把目标图片放在中间位置。在前一种实验条件下，儿童在完成进行中任务之后再完成前瞻记忆任务即可；而在后一种实验条件下，儿童则需要中断进行中任务。试想一下，如果实验中设置多个目标图片，那么被试则需要将注意力在进行中任务和前瞻记忆任务中不断转换。

由此可见，前瞻记忆任务的完成是在从事日常活动的过程中完成的，具有镶嵌性和隐藏性的特点，并且与进行中任务共同竞争有限的注意资源。如果前瞻记忆不具有任务镶嵌性的特点，那么前瞻任务就成为简单的"警戒"任务，即一直像哨兵一样保持警戒状态，等待目标线索的到来，这显然不符合前瞻记忆的操作定义。此外，也正是前瞻记忆任务存在镶嵌性的特点，使其加工过程存在特有的动力特性。这一特点将在随后的前瞻记忆加工过程论述中进行详细阐述。

3. 执行目标任务的延迟性

前瞻记忆任务的第三个特点是执行目标任务的延迟性，即在意向形成和执行之间存在一段时间延迟。从上述前瞻记忆的定义中可以看出，基于时间的前瞻记忆任务可能要求个体在某个特定的时刻完成目标任务，如星期五早上 8 点与同学见面讨论问题，也可能要求个体在某段时间以后完成目标任务，如 30 分钟之后给某个人打电话；基于事件的前瞻记忆任务可能要求个体在完后某个事件线索之后执行目标任务，例如，见到某同学的时候，告诉他下星期由他组织学术沙龙；基于活动的前瞻记忆（activity-based prospective memory）任务则可能要求个体在某个活动结束后完成目标任务，例如，记得在比赛结束后邀请所有参赛者留下来开庆祝会。可见，不论是何种类型的前瞻记忆任务，在意向形成到目标任务执行期间都存在或长或短的时间间隔（王丽娟，2006）。McBride 等（2013）通过操纵被试在不同时间延迟条件（1 天、2 天、5 天、14 天和 28 天）下寄送明信片任务，考察基于时间的自然性前瞻记忆。结果发现，老年人比年轻人更能按时邮寄明信片，相比老年人，时间延迟对年轻被试的准时率影响更大；而老年人的准时率只在最长时间延迟中有所下降。这说明，基于时间的前瞻记忆表现随时间延迟的增加而下降，但是下降模式可能存在年龄差异。

4. 反应激发时间窗的强制性

前瞻记忆任务的第四个特点是反应激发时间窗的强制性。一般来说，前瞻记忆任务成功或失败是以个体是否能在规定的时间窗里执行目标任务为判断标准。这个时间窗的长度可能根据实验设计的任务要求从几秒到几天不等（Ellis，1988）。例如，在进行词语分类的过程中，"看到某个特定的词就口头报告"，这一前瞻记忆任务的时间窗可能只有几秒钟；"记得完成某个实验任务后跟主试要一支笔"的时间窗可能是十几分钟；而"本周内见到某人时告诉他准备下周的讲座"的时间窗则可能是几天。如果个体在这些时间窗里没有想起并执行意向行为，则表示前瞻记忆失败。日常生活中常发生这样的例子，例如，一位老年人会在下午才想起来中午忘记了服药；一位忙碌的员工在家人生日过后才想起庆祝生日的计划。

5. 反应执行时间的有限性

前瞻记忆任务的第五个特点是反应执行时间的有限性。在前瞻记忆任务中，执行意向本身的时间跨度是有限的，执行时间过长的任务与前瞻记忆任务有本质区别。Kvavilashvili 和 Ellis（1996）认为，前瞻记忆任务应该是那些可以在几个小时内完成的任务，如记得晚上赴约，记得第二天早上路过报摊买一份晨报等。而那些需要更长时间执行的意向，如读一本书，旅行一次，参加一次滑雪训练等则与前瞻记忆任务不同。后者与愿望和长远计划行为更为相关。当然，同样是有限的反应执行时间，需要几个小时执行的意向和需要几分钟执行的意向在加工过程等方面是有区别的，需要今后做更进一步的研究。

6. 意向形成的明确性

前瞻记忆任务的第六个特点是意向形成的明确性。McDaniel 和 Einstein（2007）认为，前瞻记忆区别于其他行为的一个虽不易引起注意却非常关键的方面就是意向形成过程的有意识性。也就是说，虽然前瞻记忆线索的激活和目标行为的执行似乎都存在自动加工的特点，但其在意向编码阶段的加工却是有意识的，需要注意资源的参与。该研究认为，至少在前瞻记忆加工的最初阶段，意向形成是有意识的、明确的。其他研究者也同意这种观点，认为前瞻记忆的定义必须明确包括有意识形成的意向或计划（Morris，1992；Graf & Uttl，2001）。因此，那些出于本能或习惯，甚至基于训练等针对特定情境做出特定反应的行为，如遇到伤害就躲避、逃跑、遇到火灾就展现出学习过的求生技巧等，更多的是一种"刺激—反应"的联结，在行动过程中缺少有意识的意向或计划，因而不是前瞻记忆。

1.2

前瞻记忆的类型

迄今为止，研究者主要从时间、使用频率和线索类型三个维度对前瞻记忆进行分类。其中，前述按照线索类型分为基于时间和基于事件前瞻记忆是最为常见的分类，研究发现基于时间的前瞻记忆和基于事件的前瞻记忆在加工机制方面存在显著差异。

1.2.1　长时前瞻记忆与短时前瞻记忆

按照传统的记忆分类方式，即从时间维度进行分类，可将前瞻记忆分为两种：一种是长时前瞻记忆，例如，记得三个月后给某人庆祝生日，由于长时前瞻记忆任务要在较长一段时间后执行，所以其中的回溯记忆成分（如生日是哪一天）就显得特别重要；另一种是短时前瞻记忆，例如，记得厨房里烤着蛋糕，45 分钟后把火关掉。Meacham 和 Singer（1977）提出，短时前瞻记忆任务与警戒或者注意任务类似，但又有所不同。在短时前瞻记忆的实验研究过程中，需要控制好短时前瞻记忆目标任务之间的间隔时间（Brandimonte et al.，2001）。

目前，在关于前瞻记忆的研究中，研究者主要关注的是短时前瞻记忆任务（Kvavilashvili & Ellis，1996）。

1.2.2 新异性前瞻记忆与习惯性前瞻记忆

从日常生活中前瞻记忆任务的使用频率来看，可将前瞻记忆分为两种：一种是新异性前瞻记忆，或者称为情境性前瞻记忆（episodic prospective memory），例如计划半个小时之后去买一本新出版的小说，这种前瞻记忆任务一般是新颖的、陌生的、没有规律性的，随着任务的完成，执行目标或行动的意向也随之消失；另一种是习惯性前瞻记忆（habitual prospective memory）（Meacham & Leiman，1982），例如儿童需要记得每天早上起床后和晚上睡觉前刷牙。由于习惯性前瞻记忆任务是在生活中经常面对的，一般都会通过练习而形成习惯，所以个体几乎从不会忘记（Van Den Berg，2002）。自研究者开始对前瞻记忆进行严格的实验研究以来，研究主要集中于探索新异性前瞻记忆，而对习惯性前瞻记忆的研究很少，更缺少对两者之间关系的比较研究。Ach（1935）认为习惯性前瞻记忆是单纯的自动加工，而 McDaniel 和 Einstein（2000）认为，新异性前瞻记忆既可以是控制加工，也可以是自动加工。Meacham 和 Singer（1977）对两者的成绩进行了比较研究。该研究把被试分为两组（给每个被试 8 张明信片，要求被试每周寄回一张），要求一组被试每周三的时候寄回明信片，而对另一组被试的寄回时间则不做明确的要求，即被试在哪一天寄回明信片都可以。研究假设每周三邮寄明信片组被试会由于习惯化原因，成绩更好。但是，研究结果表明两种条件下的成绩并无显著差异。

尽管习惯性前瞻记忆在实验室研究中很难操作，但毫无疑问，习惯性前瞻记忆的研究将有助于进一步探究前瞻记忆的加工机制。举例来说，某人有两只不同颜色的牙刷，通常早上使用蓝色牙刷，晚上则使用红色牙刷。一般情况下，形成习惯之后，某人在刷牙的时候从不会拿错牙刷。但假如在某一天早晨正要刷牙的时候，突然来了一个电话，于是某人一边接电话，一边刷牙，结果把电话放下之后，发现自己正在使用晚上的红色牙刷。这似乎说明，即使习惯性前瞻记忆任务已经很熟练，甚至达到自动化的程度，需要较少甚至不需要注意资源的参与，但当进行中任务增多的时候（如上例中接电话任务的插入），其也可能导致前瞻记忆任务的执行出现错误。由此可以推论，自动化程度很高的前瞻记忆任务也会占用注意资源。当进行中任务数量增多或难度加大时，资源竞争力度增大，促使参与前瞻记忆任务的意识范围窄化，以至于意向行为（刷牙）虽然被有效执行，细节内容（选择正确颜色的牙刷）却出现错误。此外，习惯性前瞻记忆的形成机制无疑对深入探究学习者学习习惯的养成具有重要的理论和实践意义。

1.2.3 基于事件、基于时间与基于活动的前瞻记忆

根据线索类型，Einstein 和 McDaniel（1990）最早提出了基于事件的前瞻记忆的概念。之后，前瞻记忆又被进一步区分为基于事件的前瞻记忆和基于时间的前瞻记忆两种类型（Einstein & McDaniel，1996）。Kvavilashvili（1992）则提出了基于活动的前瞻记忆类型，并指出，基于活动的前瞻记忆是对某一活动发生时执行行动的记忆。例如，记得吃饭（目标线索）前服药（目标任务），或者看完一个电视节目（目标线索）之后发一个邮件（目标任务）。多数研究者接受"两分法"，即将前瞻记忆分为基于事件和基于时间的前瞻记忆两种，认为基于活动的前瞻记忆大致可归入基于事件的前瞻记忆中去。到目前为止，这种基于实验室情境的前瞻记忆分类得到了研究者的广泛认可。但值得注意的一点是，在完成基于事件的前瞻记忆任务和基于时间的前瞻记忆任务时需要中断进行中任务，而完成基于活动的前瞻记忆任务则不需要（赵晋全，2002）。从这一点来看，基于活动的前瞻记忆与基于事件的前瞻记忆加工并不完全等同。

分析以往的研究可以发现，基于事件和基于时间的前瞻记忆任务各有其独特的设计风格（Kvavilashvili et al.，2001；Kerns & Price，2001；Guajardo & Best，2000；Kliegel et al.，2001）。基于事件的前瞻记忆任务是指某个特定事件触发意向行为的执行。例如，当被试在屏幕上看到一张动物图片时，记得按 F1 键；再如当被试看见商店时，停下来买糖果。在此，"动物图片"和"商店"成为目标

线索，激发被试执行"按 F1 键"和"买糖果"的行为，从而完成基于事件的前瞻记忆任务。基于时间的前瞻记忆任务是指记得在某个特定的时刻，或者在某段时间之后完成意向行为。例如，记得 10 分钟之后按 F1 键（Einstein et al., 1995；Kliegel et al., 2001）；再如，记得在上午 10 点给某个人打电话。在此，"10 分钟后"和"上午 10 点"成为目标线索，而"按 F1 键"和"打电话"的行为是基于时间的前瞻记忆目标任务。

此外，基于事件的前瞻记忆与基于时间的前瞻记忆在加工机制上可能存在不同。研究发现，基于时间的前瞻记忆需要较多的自我发动的加工过程。因此，完成基于时间的前瞻记忆任务比完成基于事件的前瞻记忆任务需要更多的注意资源（Einstein & McDaniel, 1990；Einstein, et al., 1995；Cherry & LeCompte, 1999）。从这个角度来看，基于时间的前瞻记忆任务可能是一种更为典型的前瞻记忆，具有更多的提取自发性和动力性等特点。例如，Kliegel 等（2001）的研究发现，增加任务的重要性影响基于时间的前瞻记忆，而对基于事件的前瞻记忆并没有影响。该研究认为，重要性因素要求个体在基于时间的前瞻记忆任务中更有策略地分配注意资源，从而提高了其前瞻记忆成绩。

1.3

前瞻记忆的心理成分与加工过程

成功的意向执行包括两个部分：回溯成分和前瞻成分（Einstein & McDaniel, 1990；Ellis, 1996a；Kvavilashvili, 1987；Goschke & Kuhl, 1996）。其中，回溯成分是指记住所要完成的意向行为是什么，如目标行动的内容与时间；前瞻成分则是指意向的保持、激活和执行，即记得在恰当的时刻，或者遇到恰当的线索时执行意向行为。

Dobbs 和 Reeves（1996）认为，前瞻记忆的心理成分包括以下几个方面：①元知识，即顺利完成前瞻记忆任务所需要的知识，如关于任务和自身能力的知识；②制定计划，即明确表达计划以促进目标行为的执行；③监控，指间歇地回忆起前瞻记忆任务并判断恰当地执行时机；④内容的回忆，即记起要执行的前瞻记忆任务是什么；⑤遵从，是指在正确时间完成目标任务的意愿；⑥输出监控，即记住目标任务已执行和完成。

另外一些研究者则更多地从加工过程的角度对前瞻记忆的心理成分进行了讨论和分析。Brandimonte（1991）认为前瞻记忆的加工过程可分为六个阶段：①形成意向；②记住活动内容；③记住执行时间；④记得执行任务；⑤实施行动；⑥记住任务已执行。Kvavilashvili 和 Ellis（1996）则将其区分为四个阶段：①编码，即意向的形成；②保持，即意向保持在记忆中；③提取，即在恰当的时间回忆起意向；④执行，即执行前瞻任务。该研究指出，之所以将提取和执行分为不同的两个阶段，是因为即使个体能够在恰当的时间回忆起意向，也不一定能够执行意向行为。

Einstein 和 McDaniel（1990）与 Ellis（1996a）的研究则将前瞻记忆的加工过程分为五个阶段：①形成意向和行为的编码；②保持间隔；③执行间隔；④启动和执行意向行为；⑤评估结果。其中执行间隔是指意向行为被回忆起来的那个阶段，如两天前决定今天中午 12 点拜访一位朋友（形成意向），从那时起直到今天上午 9 点，可能都是保持间隔阶段，而今天早上 9 点起，这一计划开始清晰地出现在意识中并使个体着手准备，即进入了执行间隔阶段，直到阶段④。可见，在这里，执行间隔阶段相当于 Kvavilashvili 和 Ellis（1996）在研究中所提出的提取阶段。

Kliegel 等（2000）提出前瞻记忆是一系列的认知过程，涉及四个阶段：①意向形成（intention formation）；②意向保持（intention retention）；③意向激发（intention initiation）；④意向执行（intention execution）（Kliegel et al.，2002；Ellis，1996b；Kvavilashvili & Ellis，1996）。这与 Kvavilashvili 和 Ellis（1996）提出的四个阶段基本相对应。

与回溯记忆研究所面临的问题一样，迄今为止，前瞻记忆领域的研究大多关注记忆的提取机制，而忽略其他加工过程的研究（Ellis，1996a；Kvavilashvili & Ellis，1996）。出于弥补这种缺陷的考虑，Kliegel 等（2000）曾提出一个新的前瞻记忆实验室研究程序（详见第 2 章），从而把前瞻记忆的加工过程分成几个阶段来考察，改进了先前的实验范式。

研究表明，在前瞻记忆加工的各个阶段，意识的参与程度各不相同（Goschke & Kuhl，1993，1996；Marsh et al.，1998；Van Den Berg，2002；Martin et al.，2003）。Van Den Berg（2002）提出，在前瞻记忆表征即意向形成阶段，大脑处于较高的激活状态，意向形成之后，这种激活状态仍很高，在意向保持阶段有所下降，之后在执行意向行动之前又升高。而 Martin 等（2003）的研究发现，在意向形成和执行阶段，执行功能参与较多，而在意向保持和再次激活阶段则几乎不需要执行功能的参与。

可见，在前瞻记忆的加工过程中，相对来说，保持阶段所需的注意资源较少（Kliegel et al.，2002，2004；Martin et al.，2003），而在其他三个阶段则需要较多的资源来维持较高的激活状态。但具体哪一个阶段需要最多的注意资源，以及注意资源以何种方式进行协调与分配等问题，尚有待进行进一步的研究。随着研究方法和技术的不断更新和完善，尤其是脑功能成像技术的广泛应用，前瞻记忆加工机制的研究必将得到进一步发展。

1.4

前瞻记忆的加工理论

如上所述，成功的前瞻记忆包括多个阶段的加工过程：意向形成、意向保持、意向激发和意向执行（Kliegel et al.，2000）。那么，这些加工过程的特点、实质、规律和影响因素是什么？这既是研究前瞻记忆需要解决的基本问题，也是揭示前瞻记忆的心理机制所要探讨的问题。在前瞻记忆研究的早期，研究者对前瞻记忆的加工机制知之甚少，正如 Tulving（1983）所言，"我们对前瞻记忆提取模式几乎一无所知"；Craik 和 Kerr（1996）也曾表达过相同的意思："前瞻记忆提取模式的功能和特征仍然是个谜。"但在此后的探索研究中，人们对前瞻记忆加工机制有了初步的认识，并先后提出了以下三种前瞻记忆加工理论。

1.4.1　策略加工理论

策略加工理论（strategic process theory）认为前瞻记忆是一种涉及对目标事件进行主动的、策略性监控的加工过程（strategic monitoring）（McDaniel & Einstein，2000；Brandimonte et al.，2001；Guynn，2001，2003；Kliegel et al.，2001，2004；Kvavilashvili，1987；Marsh et al.，2003；Smith，2003；Smith & Bayen，2004）。策略加工理论强调，执行注意系统不仅会主动地将注意资源分配到监控前瞻记忆靶线索出现的环境中，还会对线索—意向进行定期扫描。并且，靶线索出现后的激活等过程都表现出了资源分配的主动性。

Shallice 和 Burgess（1991）提出的目标注意监控理论假设与此观点类似。他们认为，在前瞻记忆任务过程中存在一个注意管理系统，该系统会随时监视靶线索，一旦靶线索出现，便中断进行中任务。与此同时，如果条件符合，即执行计划中的意向行为（Einstein & McDainel，2005）。Smith 和 Bayen（2004）提出的多项加工树模型也证实了这一观点，即监控是通往前瞻记忆提取的唯一途径。一些实证研究考察了分散注意对前瞻记忆的影响（Einstein et al.，1997；Marsh & Hicks，1998；McDaniel et al.，1998；Park et al.，1997），结果都支持注意资源占用说。例如，Smith（2003）的研究比较了有前瞻记忆任务和无前瞻记忆任务时被试执行进行中任务的反应时，结果发现，有前瞻记忆任务时，即使没有出现前瞻任务目标线索，进行中任务的反应速度也明显降低。这验证了策略加工理论，说明被试会主动分配注意资源用于前瞻记忆加工过程。

1.4.2　自动加工理论

自动加工理论（automatic process theory）主要是指自发地意向提取，即个体在遇到前瞻记忆线索时利用自发的记忆或注意加工来提取意向。自发是指个体在第一次看见靶线索时就自动记起前瞻记忆任务，不需要一直监控，也不需要额外的注意资源。虽然这并不排除在前瞻记忆任务执行过程中，即在最初的意向形成编码阶段和最后的成功提取阶段之间偶尔想起目标任务的可能性（Kvavilashvili，1987）。

自发地意向提取的一个特殊例子是自发性关联理论（reflexive-associative theory）假说（Einstein & McDaniel，1996；Guynn et al.，2001；McDaniel & Einstein，2000；McDaniel et al.，1998，2004）。这一假说认为，被试在做计划时会形成一个靶线索和意向行为之间的关联，当靶事件出现时，一个自动的关联系统，如Moscovitch（1994）提出的海马系统把意向行为指向到意识层面。Moscovitch认为，这种提取是一种快速的、不需要认知资源的、相对自动的加工过程，该过程主要依赖于线索被加工的程度，以及被试所形成的线索与意向行为之间关联编码的良好程度。Moscovitch 指出，自发性关联理论与之前的分散注意影响前瞻记忆的结论并不矛盾，在自发性关联理论背景下，分散注意之所以对前瞻记忆产生影响，一方面是因为分散注意妨碍了对靶事件的完全加工；另一方面，分散注意可能没有对意向提取产生作用，而是增加了工作记忆的负荷量，因此被试的工作记忆不能很好地维持前瞻记忆的活跃度（转引自：Einstein et al.，1997）。

另一个前瞻记忆意向自发提取观点的理论依据来自差异探测理论（discrepancy detection theory）假说（McDaniel et al.，2004）。该假说是从Whittlesea 和 Williams（2001a；2001b）的差异归因假设（discrepancy-attribution hypothesis）中得出的，即个体之所以注意到线索，可能是因为个体预期事件的加工质量与实际发生事件的加工质量不同，这种质量上的差异引发了感知上的差异，继而引发了自动提取加工（Jacoby & Dallas，1981）。

Einstein 和 McDaniel（1990）采用自省报告法也证实了前瞻记忆自动加工的观点。研究中，被试自诉在执行进行中任务时，前瞻记忆任务往往是"砰"的一下进入了大脑。Reese 和 Cherry（2002）的研究结果与上述事后访问报告结果一致。他们在实验中的不同时间点探测被试，发现很少有被试提及前瞻记忆任务，即使有相对较高前瞻记忆成绩的个体也是如此。无论老年人或年轻人皆自诉只有不到 5%的时间考虑过前瞻记忆任务，而有 69%的时间都在考虑进行中任务。

同样与自发提取相一致的观点是前后关系效应说。Nowinski 和 Dismukes

（2005）的研究发现，如果进行中任务在意向提取和先前意向编码时的信息一致，或者前瞻记忆靶线索与编码时的意向高度关联，被试的前瞻记忆成绩都会显著提高。进行中任务与前瞻记忆任务在编码时形成的关联成为进行中任务的背景效应来源，该研究结论进一步证实了前瞻记忆意向执行的自动加工理论。

1.4.3　双重加工理论

Einstein 和 McDaniel（2000）提出了同时考虑注意监控和自发提取的双重加工理论（bi-process theory）。该理论假设认为，被试可能会依据前瞻记忆任务、进行中任务的特点或者个体的特点等来决定采取注意监控或自发提取的加工方式。根据日常生活中前瞻记忆任务的要求，前瞻记忆可以通过一个包含几种不同机制的"柔性系统"来完成。一方面，由于在现实生活中，个体经常需要完成很多不同的前瞻记忆任务，而且这些意向行为往往有足够的延迟时间，所以个体可能更倾向于采取自发提取模式，而不是去占用更多的工作记忆资源；但是，另一方面，用来帮助个体记得意向行为的影响因素很多，包括前瞻记忆任务的重要性、靶线索的特点、靶线索和意向行为之间的关系、进行中任务的性质和个体差异等（McDainel & Einstein，2000）。这说明，在某些情况下，前瞻记忆任务的完成可能需要注意资源的参与。例如，Smith（2003）对比了被试在两种实验条件下（有/无执行前瞻记忆任务指导语）完成进行中任务的速度和准确性的差异，结果发现有前瞻记忆任务时，被试完成进行中任务的反应时明显增加（Guynn，2003；Marsh et al.，2002）。

Einstein 和 McDaniel（2005）的研究进一步证实了双重加工理论。该研究主要探讨了前瞻记忆线索对其加工方式的影响。结果表明，被试在不同条件下可能采取不同的加工方式。例如，在聚焦线索条件下，个体更多地采取自发提取的加工方式，前瞻记忆成绩更高且对进行中任务没有显著影响；而在非聚焦线索条件下，监控加工程度随之下降，同时前瞻记忆成绩也下降。靶线索的增加使得进行中任务的速度和准确性受到影响，究其原因可能跟与靶线索数量相关的监控资源被分散有关，这与 Smith（2003）的结论一致。但是，该研究还发现个体在执行前瞻记忆任务时的资源消耗并不一样，有将近一半的被试并没有采用监控来完成前瞻记忆任务。此外，没有资源消耗的被试与有资源消耗的被试的前瞻记忆成绩都很高，且无显著差异，这似乎与 Smith 的预备注意和记忆模型（详见本章第 1.5.5）的观点不一致。

1.5

前瞻记忆心理机制的几种理论模型

如前所述，前瞻记忆加工过程中一个有趣的现象是，意向形成之后，个体往往并没有进行有意识地复述，但在适当的时刻或目标线索出现时，目标任务的联结"自动"激活，个体继而提取意向，执行目标行为（Ebbinghaus，1964；Craik，1986；Einstein et al.，1992；McDaniel & Einstein，2000；Cohen & O'Reilly，1996）。前瞻记忆研究的关键问题就在于揭示这个似乎是"自动"的加工机制。到目前为止，该领域的理论模型已经从单一加工模型（自动加工模型，或控制加工模型）发展到复合加工模型阶段。

1.5.1　简单激活模型

Collins 和 Loftus（1975）最早提出了语义加工的激活扩散模型。该模型假设，一个概念的激活将沿着关联路径传播到相关概念。这种激活扩散依赖于概念的初始激活强度，最初激活强度越大，概念被激活扩散的程度越大。此外，相关概念的扩散激活取决于概念间的关联强度，关联强度越大，扩散激活越明显。受激活扩散模型启发，Einstein 和 McDaniel（1996）提出了简单激活模型来解释前瞻记忆的加工机制。简单激活模型假设前瞻记忆在很大程度上是自动化加工的过程，不需要注意资源的参与，而是受自发的联想记忆系统的调节。被试在接受基于事件的前瞻记忆任务时，会形成目标事件与目标活动的联结性编码，在目标线索出现之前，这一联结一直处于阈下激活状态，同时对目标事件保持高度敏感。当这个联结提高到阈限以上时便被自动激活，进入意识，使被试注意到所呈现的前瞻记忆目标线索，并从目标线索出发沿着"线索—行动"的联结路径自动扩散，促使个体自动执行前瞻目标任务。

根据简单激活模型，前瞻记忆的成功执行取决于两个因素：一是"线索—行动"关联性编码的强度；二是目标事件的加工水平，加工水平越高，其回到意识阈限之上的可能性越大。此模型强调前瞻记忆目标线索和行动之间自动关联的重要性。当人们注意到目标事件时，他们就会自发地联想到将要执行的行为，它们之间的关联程度会影响前瞻记忆的自动加工，联结强度越大，目标事件被意识到并接通前瞻记忆行为的可能性就越大，从而促使前瞻记忆任务的顺利完成。同时，多种路径的激活是一个累加的过程，如果总激活程度超过一定阈值，存储的意图就会进入意识层面。因此，前瞻记忆表现还可能受到与意图相关联的线索及其性质的影响。一些研究也发现，线索特征影响前瞻记忆提取的可能性，如果线索特征增强意图关联强度（Passolunghi & Brandimonte，1994；McDaniel & Einstein，1993），则前瞻记忆成绩提高，反之则前瞻记忆成绩降低（Einstein et al.，1992；Otani et al.，1997）。

1.5.2　注意/差异＋搜索模型

Einstein 和 McDainel（1996）提出了注意＋搜索模型，认为在前瞻记忆加工过程中，与目标事件有关的线索的出现会引起被试的熟悉感、知觉的流畅性或其他内部加工，从而使其产生对线索的注意。这种注意会引发对记忆的搜索，通过搜索确定线索的意义，最后做出完成前瞻记忆任务的行为。例如，下班回家经过超市时，超市会引起一种"有什么事情与它联系在一起"的感觉，引起对这一线索的注意（注意过程），然后在记忆中搜索有关计划（搜索过程），确定了"要买一些食品"的目标任务，最终完成这一前瞻记忆任务。

之后，McDaniel 等（2004）又在 Whittlesea 和 Williams（2001a，2001b）

的差异归因假说的基础上将该模型总结为差异＋搜索模型。差异归因假说认为，个体会不断地评估他们的加工流畅性，而且总是对实际与预期的差异比较敏感，当感知到实际与预期的加工流畅性存在差异时，那么这种评估就会产生差异感，认知系统就会试图将差异归因于一个可能的来源用来解释这种差异。流畅性被定义为刺激物被感知加工时所体验到的轻松程度，往往更高的认知能力可以使个体利用这种感知体验。在前瞻记忆任务中，这种差异可被视为刺激重要性的信号。因此，根据差异＋搜索模型，一个项目（如前瞻记忆目标）实际加工与预期加工流畅性之间的不匹配性可以表示差异，而项目的显著性调和了这种差异，又进一步促进项目关联的前瞻意图的提取。同时，前瞻记忆在一定程度上依赖于加工的流畅性，但是不同于进行中任务的刺激，非线索刺激的流畅加工体验，有可能重新激活意图。这种基于流畅性的意图重新激活是自发的过程。即使意图在这一时刻执行并不合适，这种非预期的流畅性体验有时也会被错误地归结为执行意图的信号。McDaniel 等认为由于线索被预先编码为意图相关，所以线索的加工不同于其他刺激的加工，这种加工差异通过对其潜在来源进行归因而诱发记忆搜索，进而将意图带进大脑。实证研究支持差异＋搜索模型。例如，研究表明，前瞻记忆线索的特征启动提高了前瞻记忆成绩（Graf, 2005）；与未预先暴露前瞻线索相比，提前让被试接触前瞻记忆线索会产生更好的前瞻记忆效果（Guynn & McDaniel, 2007）。研究还发现，预先暴露所有进行中任务的刺激也同样促进前瞻记忆的提高，这进一步说明前瞻记忆获益是由线索与其所处环境之间的差异造成的，而非线索熟悉度的结果（Breneiser & McDaniel, 2006）。Lee 和 McDaniel（2013）的研究显示，前瞻记忆成绩的提高得益于线索和非线索刺激之间的差异增大，即个体在执行进行中任务时体验到两种刺激在加工难度上的差异。

1.5.3　多重加工模型

McDaniel 和 Einstein（2000）提出了多重加工模型，认为在前瞻记忆的加工过程中,两种加工方式是并存的,前瞻记忆既可能是自动化的加工过程(Guynn et al.,2001;McDaniel et al.,1998),也可能是控制性的加工过程(Shallice & Burgess,1991;Smith,2003)。这一模型结合了简单激活模型与预备注意和记忆加工模型的理论解释(McDaniel & Einstein,2000)。根据这一模型,前瞻记忆是一种多重加工的过程,记忆任务中的前瞻性和回溯性两种成分都需要注意资源的参与(Loft,2014),完成前瞻记忆任务是一种非自动化的过程,实验中,即使靶线索没有出现,但被试总会处于预备加工状态,这种状态也会影响进行中任务,存在前瞻记忆干扰效应。当前瞻记忆任务较简单或者线索和目标联系密切时,前瞻记忆任务的完成只需要自动加工即可,这种自动加工涉及注意和记忆系统;而当前瞻记忆任务较复杂或者线索与目标联系不紧密时,在自发的自动加工启动之后,会出现对记忆的控制性搜索过程,这即是需要注意资源参与的策略加工。

多重加工模型几乎可以解释所有的基于事件的前瞻记忆的研究结果。例如,在实验中向被试强调前瞻记忆任务的重要性,被试的前瞻记忆成绩就会提高,这是因为被试对重要的任务更倾向于进行策略加工,而对不重要的任务倾向于进行自动加工(Wang et al.,2006);被试在具有特异性的前瞻记忆线索的任务中成绩较好的原因是:特异线索条件下的自动加工不仅使个体将注意力从进行中任务转换到前瞻记忆任务,而且使其能快速地辨别其意义;前瞻记忆任务与进行中任务的一致性越强,就越能提高前瞻记忆成绩,是因为这样的前瞻记忆任务需要更少的策略加工(Wang et al.,2011);不同个性特点的个体的前瞻记忆能力存在差异,不是由个性本身的差别引起的,而是由于具有某些个性特点(如责任感、强迫倾向)的个体,能主动对前瞻记忆任务进行更多的策略加工,而具有相反个性特点的个体则较少运用策略加工(McDainel & Einstein,2000)。

在多重加工理论的基础上,Scullin 等(2013)又提出了动态多重加工模型。该模型认为,自发提取与策略监控两者形成动态相互作用的加工过程来支持前瞻记忆加工。也就是说,动态地、选择性地分配认知资源受环境和个体差异的动态性调节(Gilbert et al.,2013)。在动态加工过程中,目标线索的监控是灵活的，注意分配策略并不是在进行中任务一开始时就建立，而是在个体需要执行前瞻记忆任务时才会对进行中任务实施监控。当个体自发提取某一种意向后，大脑会重置注意资源去监控意向，即当目标线索可预期时，自发提取目标线索后，认知资源会立即投入对靶目标的监控。当靶线索无法预期时，认知资源不对靶目标进行监控，而是投入到背景任务中。并且，在监控脱离阶段，自发提取机制将支持前瞻记忆加工（陈幼贞等，2010；Scullin et al.，2013）。

1.5.4　三加工自动激活模型

在多重加工模型的基础上，赵晋全和杨治良（2002）提出了三加工自动激活模型（图 1-1）。这一模型引入"准意识"的概念对多重加工模型进行了补充，认为前瞻记忆的完成涉及三种加工、即意识对应的控制加工、准意识对应的策略加工和无意识对应的自动加工。所谓准意识是指不能通达于意识但又需要注意资源的心理状态。该模型认为，靶线索—行动联结的编码从工作记忆消失后就处于一种特殊的阈下激活状态——准意识状态，这种状态遇到所呈现的靶线索时，将从靶线索出发沿着靶线索—行动的特殊路径自动激活扩散，前瞻记忆的完成涉及意识对应的控制加工、准意识对应的策略加工和无意识对应的自动加工。

研究提出，控制加工处理意向和目标线索的形成、策略的使用以及意向的执行；策略加工处理阈下激活状态的意向，并在发现目标线索后做出是否提取意向的判断；自动加工处理意向编码、存储，并辅助策略加工完成前瞻记忆的提取过程，是一种不需要注意资源的程序化的加工方式。该模型在 McDaniel 和 Einstein（2000）的双加工理论的基础上增加了策略加工过程，以解释前瞻记忆"自动"提取的原因，即这个提取过程是由准意识所支持的一种加工方式，与有意识所支持的控制加工不同。例如，早期的研究就指出，意向的提取并非没有控制，而是以一种特殊的方式进行控制（Neumann，1984）。

```
┌──────────────┐
│   形成意向    │
└──────────────┘
┌──────────────┐
│ 确定靶线索、计划 │
└──────────────┘
┌──────────────┐
│     编码      │
└──────────────┘
┌──────────────┐
│ 存储（阈下激活态）│
└──────────────┘
      │ 保持
┌──────────────┐
│   进行中任务   │
└──────────────┘
```

基于事件　　　　　　基于时间

靶事件　　　　　　时间监视

激活扩散　　　　　自我发动

评估联结

激活的联结是否超过阈限？　否

是

中央执行系统

意识 …… 准意识

无意识

提取意向

执行意向

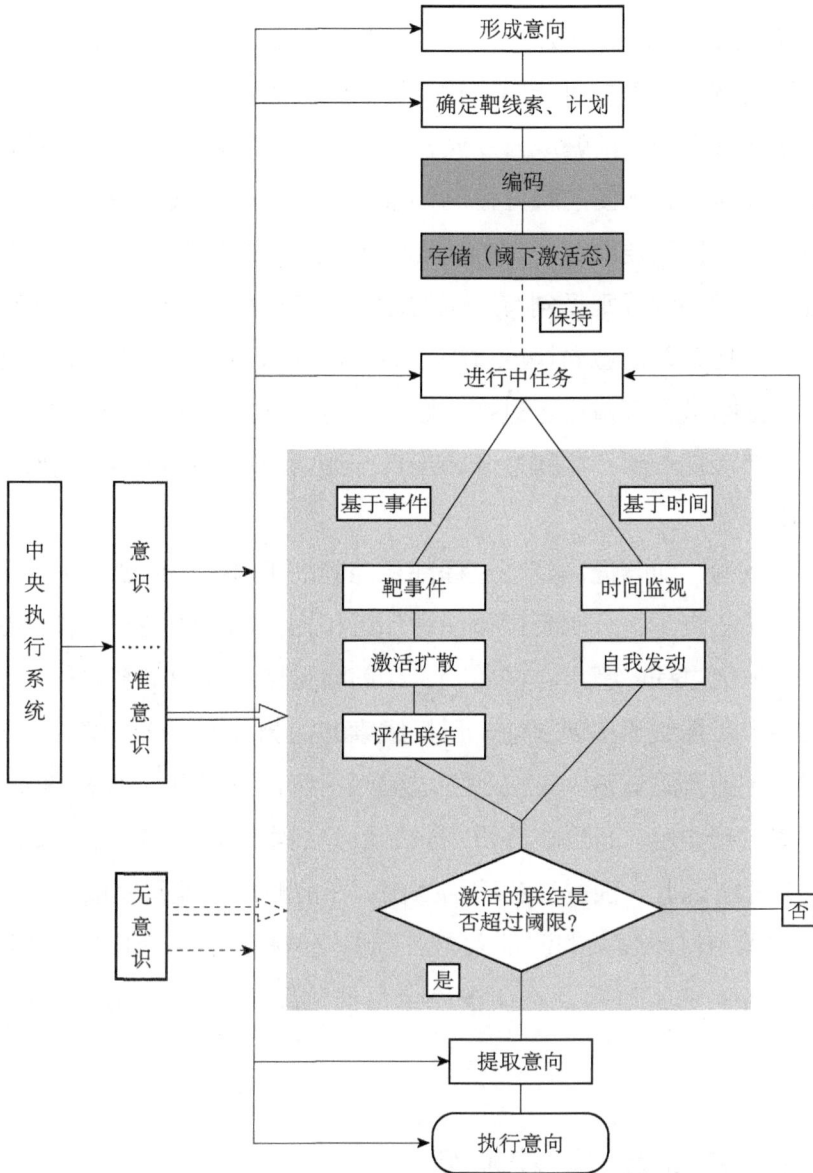

图 1-1　前瞻记忆的三加工自动激活模型（赵晋全和杨治良，2002）

1.5.5　预备注意和记忆加工理论模型

Smith（2003）提出了预备注意和记忆加工理论（preparatory attentional and memory processses theory，PAM）模型（Smith & Bayen，2004）。该模型将前瞻记忆的加工分为预备注意过程和记忆加工过程，这两个过程分别对应着前瞻记忆加工的前瞻成分和回溯成分。预备注意加工是维持执行意向的一种准备状态，包括维持意向或对环境中可能出现的目标线索的探测。成功的前瞻记忆任务执行需要占用注意资源，前瞻成分受到预备注意加工的调控。当告知被试需要执行前瞻记忆任务时，即使前瞻记忆的线索尚未出现，被试仍会进行预备注意加工，这种监控过程需要消耗一定的认知资源，但可以确保监控到前瞻记忆线索是否出现。而回溯成分则受到有意识的记忆加工过程的控制，对应着线索识别后的记忆意向提取以及意向执行过程。该理论模型最大的特点就是提出了预备注意过程，即被试在预备注意过程中始终保持一种警觉状态，监控目标线索的出现。监控会消耗一部分认知资源，当目标线索出现时能够促进对线索的加工并且识别出线索。

该模型认为，前瞻记忆整个过程都是控制加工过程，前瞻成分和回溯成分都需要占用认知资源，分别受预备注意加工和记忆加工的控制。预备注意过程在整个前瞻记忆过程中都是存在着的，和前瞻记忆的绩效有密切的关系。在编码阶段之后、目标线索出现之前，目标线索的探测会占用认知资源，与进行中任务形成一定的资源竞争。记忆加工过程则不仅在看到目标线索并回忆起意向的具体内容时起作用，而且在分辨刺激是目标线索还是非目标线索时，也是一个必需的过程。因此，预备注意理论强调，在前瞻记忆编码完成后在从事进行中任务的过程中目标线索的识别会与进行中任务相互竞争有限的认知资源，整个过程属于控制加工过程，不存在完全自动化而不占用认知资源的前瞻记忆加工。

1.5.6　多项加工树状模型

多项加工树状模型（multinomial process tree model, MPT）是 Smith 和 Bayen（2004）在解释基于事件的前瞻记忆的预备注意和记忆加工理论模型的基础上提出的。该模型旨在区分前瞻记忆的两个组成成分：预备注意加工和回溯记忆加工。该模型认为成功的基于事件的前瞻记忆需要消耗资源的预备注意加工，以保持执行任务的准备状态，如果没有预备注意加工，前瞻记忆任务就不可能成功。Smith 和 Bayen 通过建立一个数学模型来说明和验证这一理论。

在多项加工树状模型中，研究者列出了被试在完成前瞻任务时所有可能的反应，并认为在这些可能的反应中，有些需要预备注意加工（如被试正确地对目标刺激进行反应，或在没有目标刺激的情况下进行了前瞻记忆反应），有些则需要对是否为目标刺激进行辨认，即进行回溯记忆加工（如被试正确辨别出目标与非目标刺激的所有反应）。通过分析实验数据，他们测量了预备注意与回溯记忆这两个参数与成功的前瞻记忆任务的关系，证明了两种加工都需要占用认知资源。实验中，他们通过强调前瞻记忆任务或进行中任务的重要性来控制预备注意加工，结果发现，在强调前瞻记忆任务重要性的条件下，被试的前瞻记忆成绩提高，进行中任务的反应时却增加了。研究者认为，这是因为被试在预备注意加工上分配了更多的认知资源。研究还通过控制意向编码的时间来操纵回溯记忆加工，结果发现，意向编码的水平并不影响进行中任务的反应时，说明预备注意加工与回溯记忆加工是两个独立的加工过程。

1.5.7　总结

内隐记忆的实验分离现象证明了记忆加工过程中可能存在控制加工（有意识的加工）和自动加工（无意识的加工）两种方式。前瞻记忆提取的自发性特点使研究者认识到前瞻记忆加工是无意识的自动加工过程（Einstein & McDaniel，1990）。2000 年的《应用认知心理学》前瞻记忆专栏讨论，对前瞻记忆的定位也是自动加工提取。但大量研究表明，增加进行中任务的难度（Stone et al.，2001；Einstein et al.，1997），或者改变前瞻记忆任务的重要性（Kliegel et al.，2001；Smith & Bayen，2004），以及变化延迟时间的长短（McDaniel & Einstein，2000；McDaniel et al.，2003）等因素会促使前瞻记忆成绩发生显著的变化。可见，前瞻记忆的加工并不完全是自动激活、只需要少量甚至不需要注意资源的无意识加工方式。

上文以提出时间为序，介绍了几种阐述前瞻记忆心理机制的理论模型。这些模型对前瞻记忆机制的解释呈现出两个突出特点。一是从时间发展上看，呈现出越来越重视注意加工参与的特点。从简单激活模型认为不需要认知资源的参与，到注意/差异＋搜索模型和多重加工模型中注意的部分参与，再到多项加工树状模型中注意的始终参与中，可看出这一明显的发展趋势。确实，就像现实世界中没有那种不消耗能量却能运动的永动机一样，不耗费任何认知资源的心理过程也是不可能存在的。所谓不消耗认知资源的完全自动化的加工，只是一种表面现象或个人的主观感受。换句话说，注意资源在前瞻记忆加工的各个阶段都发生作用，如激活目标意向、完成进行中任务并抑制无关任务的干扰、监测周围环境中线索的出现、复述意向内容、执行目标行为等，只是在加工的不同阶段，意识的参与程度有所不同。所以，前瞻记忆加工机制模型的这一发展轨迹表明，研究者对前瞻记忆加工机制的探索是一个不断深化、不断接近本质的过程。二是这些模型都侧重于基于事件的前瞻记忆加工机制的探讨，基于时间的前瞻记忆加工机制的研究文献相对来说较少。这主要是因为基于时间的前瞻记忆不像基于事件的前瞻记忆那样有着具体明确的目标线索，它的目标线索更为抽象（即将来特定的某个时间），更多依赖于内部加工过程而不是外部线索，所以，基于时间的前瞻记忆从意向形成、保持、激活到提取和执行是一个更为复杂、内隐的过程，其内部心理机制也有待进行更进一步的深入研究。

专栏

前瞻记忆：意识研究的另一个"窗口"

　　Bargh 和 Chartrand（1999）提出，有多少意识控制我们的判断、决定和行为的问题是关乎人类生存的最基本和最重要的问题之一（Posner & snyder，2004；Enistein et al.，2005）。意识具体是指包括感觉、知觉以及个人瞬间觉知到的记忆等在内的一个心理领域，也就是说，个体正在专注的当前精神生活的那些方面，一般认为是可以内省的（赵晋全和杨治良，2002）。

　　在过去 100 多年的时间里，随着心理学自身发展的不断完善，心理学的理论框架和研究对象也随之发生变化。其中最为明显的是意识领域研究命运的一波三折。早在古希腊时代，就有哲学家用思辨的方法对意识问题进行论证和研究。但这种探究一直停留在理论层面，一些理论猜测无法得到实证研究的证实。因而，心理学对意识问题的研究曾因为研究方法上的局限性而一度陷入停滞的状态。20 世纪 50 年代初，计算机的诞生以及人工智能理论的发展给心理学带来了启发。信息加工理论作为一种有效的理论与范式得到了研究者的认同和追随，在这种理论思潮的影响下，研究者开始探索人类在学习过程中的意识问题，认知心理学应运而生。此后，该领域的研究主要涉及知觉、注意、记忆、思维和语言等认知过程。随着注意和记忆等领域成为认知心理学的研究热点，意识领域的研究地位也随之被恢复，但真正的意识研究并未就此展开。历经半个多世纪的探索与研究，在认知心理学学科本身发展的基础上，在其他临近相关学科，如认知神经科学、神经心理学、临床心理学、生物遗传学、计算机科学等多种学科，以及近年发展起来的脑功能成像等技术的影响和支持下，意识领域的研究才开始以量化的方式得以深入展开，并且取得了前所未有的进步。目前，对意识领域的研究形成了一个多学科间联合研究的态势。在行为学、神经心理学、脑科学、神经生物学、人工智能等众多学科的研究下，意识领域的研究取得了一定的进展。关于意识与无意识之间关系的研究成为当今意识领域关注的焦点问题之一（Zeelenberg et al.，2002；杨治良和李林，2004；Jacoby et al.，1993；

Joordens & Merikle，1993；高桦和杨治良，1997；杨治良等，1998；郭秀艳等，2003）。

当前，对前瞻记忆研究文献的分析表明，前瞻记忆的加工机制较为特殊：既可能是自动的、无意识的加工过程（Guynn et al.，2001），又可能是控制性的、有意识的加工过程（Smith，2003）。而且，前瞻记忆加工过程本身所具有的从有意识到无意识再回到有意识的动力特性可能是前瞻记忆加工的一个关键特征（Kliegel et al.，2000）。此外，有研究提出基于事件的前瞻记忆以自动加工为主，而基于时间的前瞻记忆以策略加工为主（Einstein & McDaniel，1990，1996）。赵晋全和杨治良（2002）在研究中提出了前瞻记忆三加工自动激活模型，提出了一个新概念——准意识。准意识是不能通达于意识但又需要注意资源的心理状态。意识与准意识此消彼长，其总和在一段时间内为一个定值。准意识的功能是负责监控周围环境，在前瞻记忆中就是监控靶线索，充足的准意识将为靶线索的监控、"线索—行动"联结的自动激活及其达到意识阈限提供有效的保证和支持。准意识和意识一样是由目标指引的，是具有动力学性质的自动激活扩散的阈限下意向。准意识与前意识不同，前意识是精神分析术语，指那些暂时不在意识之中，但易于接近的认识、情绪、意向等，它的诸成分借助于简单的记忆练习就会被重新回想起来，有时也被称为描述性无意识。

可见，前瞻记忆领域的研究不仅能弥补对日常生活记忆现象研究不足的现状，还可以进一步完善记忆系统的研究。而且更为重要的是，前瞻记忆加工机制的探索将进一步促进意识领域的研究。鉴于上述前瞻记忆加工的特殊性，相信该领域的研究将为记忆和意识的关系问题、意识与无意识的关系等重要问题的研究打开新的篇章，而前瞻记忆有可能成为探索意识问题的另外一扇"窗口"。

第 2 章

前瞻记忆的研究方法

在记忆心理学的研究内容中，前瞻记忆算是一个年轻的"成员"。自 1975 年前瞻记忆概念被明确提出后，在短短的四十多年间，前瞻记忆领域的研究取得了长足的进步。究其原因，主要在于前瞻记忆研究范式和方法的突破带来了该领域研究水平和研究进展的飞跃。自前瞻记忆概念被提出以来，日常范式运用使得前瞻记忆研究经历了一个从开创到加速发展的历程，而后的实验室范式则以其精确、量化、易操纵等优点获得广泛应用，使得前瞻记忆研究达到了新高度。从日常范式到实验室范式的转变过程，突出了实验过程的控制性，但是却以生态效度的降低为代价。在这一背景下，兼顾生态效度和实验过程控制性的情境模拟法应运而生。近年来，随着脑神经科学技术的发展，神经心理学与脑机制的研究也为前瞻记忆领域的探索开拓了新路径。

2.1

前瞻记忆研究的萌芽

在前瞻记忆研究的萌芽时期，研究者多沿袭艾宾浩斯（1885）以来的研究范式，即主要对文字与符号等信息的回溯记忆进行研究。在当时的研究中，研究者并没有把前瞻记忆作为与回溯记忆相对应的一种独立的记忆类型，只是偶尔将其作为一种与其他记忆任务一样的普通记忆任务。也就是说，实验者的头脑中并不是先有前瞻记忆的类别概念，然后再有意识地研究这种记忆，而是在研究时"无意"中涉及了前瞻记忆。

2.1.1 弗洛伊德的论述

从现有资料看，精神分析学派的创始人弗洛伊德在其经典著作《日常生活的精神病理学》一书中的有关内容（西格蒙德·弗洛伊德，2000）是心理学文献中第一次单独对前瞻记忆进行关注并有意识探讨的资料。从今天的视角来看，在该书第 7 章"印象及意向的遗忘"中，B 节"意向的遗忘"所论述的内容就是对日常生活中前瞻记忆遗忘的较深层次的探究。

有趣的是，弗洛伊德给了"意向"一个与当前公认的前瞻记忆定义很类似的定义：意向就是做某件事的冲动，这种冲动已被认可，但行为的执行却要往后延迟至一个恰当的时机。Craik（1986）提出，前瞻记忆的实现是"意向编码的自动提取"。可见，弗洛伊德当时所描述的意向行动的特点和 Craik 的论述相一致。

在《日常生活的精神病理学》这部著作中，弗洛伊德从精神分析理论出发，侧重于用潜意识活动对意向的遗忘做出解释。他认为这种遗忘主要与动机有关，即潜意识中不愿意去实现的意向（前瞻记忆任务）容易被遗忘，而愿意去实现的意向则不会被遗忘。但直到 70 多年后，研究者才开始用实证研究的方式证实有关意向实现的推论。Meacham 和 Singer（1977）首次在研究中用给被试一定报酬的方式激发其完成前瞻记忆任务的动机，结果发现高动机组被试的前瞻记忆成绩优于低动机组的成绩。这一研究可被看作是部分证实了弗洛伊德的推断。

2.1.2 Lewin 与 Birenbaum 的研究

此后，Lewin（1926，转引自 Kvavilashvili，1987）也注意到了前瞻记忆这

一记忆种类，认为一个好的记忆能够再现知识和行动，但它不需要一直伴随着这种行动或计划的执行过程。遗憾的是，Lewin 当时并没有对此进行更深入的研究。

　　一般认为，第一个前瞻记忆实验是由 Lewin 的学生 Birenbaum（1930）进行的。在研究中，Birenbaum 要求被试解决一些问题，并把每个问题的答案分别写在纸上，同时要求被试在写好答案后在纸上签名。她的实验目的不是了解被试回答问题的准确性，而是看被试是否记得签名。实际上，这个实验符合标准的前瞻记忆实验研究的双任务范式，即要求被试在完成进行中任务（回答问题）的同时，也要记得完成前瞻记忆任务（签名）。

2.2

日常范式的研究

　　20 世纪 70 年代起，有研究者明确提出了前瞻记忆的概念（Loftus，1971），并把它作为和回溯记忆相对应的记忆研究领域。从那时起到 20 世纪 90 年代初的 20 多年时间里，除问卷调查法、访谈法等常规研究方法外，研究者主要使用了让被试在日常生活中完成前瞻记忆任务的研究范式。

2.2.1　前瞻记忆概念的明确与日常范式的开创

　　从 20 世纪 70 年代开始，前瞻记忆概念的提出和日常范式研究的开创与研究者对记忆研究领域的反思和力图改进的背景密不可分。当时，心理学家在回顾了自艾宾浩斯（1885）以来的记忆研究后，认为近百年来的记忆研究并没有真正解决人类记忆最重要的问题，对记忆研究没有走入生活、指导生活的状况进行了尖锐的批评（Neisser，1978）。在这一背景下，研究者纷纷从实验室中对无意义音节、符号等的记忆研究转向对日常生活中记忆的研究，出现了诸如自传体记忆、目击者证词记忆、闪光灯记忆等与现实生活联系紧密的记忆课题，前瞻记忆就是其中之一。

回顾文献可知，最早有意识地把前瞻记忆看作一种独立的记忆类型并加以实验验证的是 Loftus（1971）的研究（Kvavilashvili & Ellis，1996）。在实验中，Loftus 让被试在完成一个问卷后在问卷纸上写下自己的出生地。她把问卷的长度作为操纵的变量，结果发现问卷项目是 15 个的被试的前瞻记忆（写下出生地）成绩显著低于问卷项目是 5 个的被试的成绩。由此，Loftus 认为前瞻记忆的遗忘也遵循着与回溯记忆遗忘同样的规律，即保持量随时间的延长或任务量的增加而减少。但是，在 Loftus 的研究中并没有出现"前瞻记忆"这一专有名词，而是称之为"对意向的记忆"。Kvavilashvili 和 Ellis（1996）指出，前瞻记忆这一名称是在 Meacham 和 Dumitru（1975）的研究中才正式出现的。至此，前瞻记忆的研究正式进入了日常范式的研究阶段，该阶段从 20 世纪 70 年代中期起至 90 年代初截止，大约持续了 15 年的时间。

2.2.2 日常范式研究的主要成果

在 20 世纪 70 至 90 年代初的近 20 多年时间里，研究者已经把前瞻记忆作为一种与回溯记忆相对应的记忆类型进行探讨，并开始关注可能对前瞻记忆成绩产生影响的一些因素，如年龄、延时、任务难度等。但由于研究手段的局限性，这一阶段的研究所采用的都是日常范式，即进行中任务与前瞻记忆任务都是在日常生活中完成的。通过这一范式的研究，人们对前瞻记忆的规律有了初步的认识和了解。

1）延时对前瞻记忆的影响。Wilkins（1986）研究了延时对前瞻记忆的影响，让被试在布置任务后的第 2 天到第 36 天后寄回明信片。结果发现，不同的延迟时间对前瞻记忆没有影响，即被试并没有因时间的延长而更多地遗忘前瞻记忆任务。而在 Meacham 和 Leiman（1982）的研究中，在没有提示的情况下，短期延时（1~4 天）的前瞻记忆成绩显著好于长期延时（5~8 天）的成绩；在有提示的情况下结果则相反。

2）年龄与前瞻记忆。West（1988）让青年和老年被试在布置任务后的特定时间内给实验者寄明信片和打电话，结果发现，老年被试的成绩要好于青年被试。时至今日，在使用日常生活范式探究前瞻记忆年龄效应的研究中，研究者大都得出了与此相一致的结论。

3）前瞻记忆的类型、动机、提示等因素的影响。Meacham 和 Singer（1977）研究了两种不同类型的前瞻记忆（习惯性前瞻记忆与情境性前瞻记忆）成绩的差别，结果发现习惯性前瞻记忆的成绩优于情境性前瞻记忆的成绩。同时，该研究利用一定的报酬激发被试完成前瞻记忆的动机，结果发现高动机组的前瞻记忆成绩优于低动机组的成绩。此外，Meacham 和 Leiman（1982）研究了外部提示对前瞻记忆成绩的影响，研究要求被试在特定的日期给主试寄回明信片，并在其中一部分被试的钥匙链上挂上彩色小棒作为这一任务的外部提示。结果表明，外部提示显著提高了被试的前瞻记忆成绩。

2.2.3　日常范式研究的评价

从以上研究中可以看出，前瞻记忆研究的日常范式虽然具备很高的生态效度，但它最突出的缺点往往也来自于此，那就是对研究过程的控制性较弱，即无法消除日常生活中对前瞻记忆产生影响的诸多无关因素的干扰，如是否使用外部提示、生活环境中是否有回忆线索、当前活动的性质与内容等。

在这一阶段，前瞻记忆的研究经历了一个从开创到加速发展的历程。根据Meacham（1982）的统计，截止到 1982 年，前瞻记忆领域发表的研究论文不超10 篇。Kvavilashvili（1987）认为，造成该现象发生的主要原因有以下两点：一是心理学家并不把这种记忆看作是与一般形式的记忆有区别的独立的记忆种类，而认为它只是在识记和保持信息的内容方面与一般形式的记忆有区别；二是没有一种公认的实验室研究方法适合研究这种记忆。当时，研究者认为，在前瞻记忆的研究中，为了保证生态效度，必须让被试明白研究意图，而这样反而会使研究结果无法解释。但是，在 1982 年以后的 10 年中，前瞻记忆领域的研究数量多至以往研究总和的两倍——虽然与全部记忆研究总量相比仍占少数，并且和日常生活中前瞻记忆所占的比例也不相适应（Kvavilashvili，1992）。但是，显然前瞻记忆研究逐渐得到研究者的关注和认可。

2.3

实验室范式的研究

早期的前瞻记忆研究带有浓厚的自然主义色彩，其研究方法不能严格地控制和评估被试所使用的记忆策略，也不能有效地解决被试虽然记得执行某个任务，但由于种种原因没有执行等问题。二十世纪七八十年代，研究者对前瞻记忆的实验研究进行了多次尝试，但并没有找到令人满意的研究范式。直到二十世纪九十年代，随着研究者对前瞻记忆现象越来越关注，前瞻记忆的研究开始从不严格的自然情境研究逐渐转向了严格控制的实验室研究，并建立了前瞻记忆研究独特的实验范式。

2.3.1　实验室研究范式的开创

Einstein 和 McDaniel（1990）提出的前瞻记忆实验室研究范式是前瞻记忆研究发展史上的重要里程碑。这是一种基于前瞻记忆任务镶嵌性和自发提取性特点的双任务研究范式，它突破了以往前瞻记忆研究方法的局限性，因而得到众多研究者的支持和认可。

Einstein 和 McDaniel（1990）将前瞻记忆任务嵌入进行中任务，这样就将双任务集成于一个研究程序中，利用个人电脑屏幕作为刺激呈现的媒介，使得前瞻记忆的研究在实验室中就能完成。具体地说，实验时，被试坐在电脑显示器前，阅读实验的指导语。指导语要求被试完成一个进行中任务——记住电脑屏幕上将要呈现的每一组单词并准备完成记忆测试，同时还要完成一个前瞻记忆任务——当任意一组单词中出现"rakc"这个单词时，按下键盘上的某个键。待被试明确指导语后，接下来呈现一个 15 分钟左右的无关测试作为延时任务。然后实验正式开始，显示器上每组单词的呈现时间为 0.75 秒。随后，单词消失，出现"回忆"的指示，被试回忆单词并进行口头报告。研究操控了年龄和外部提示这两个自变量，结果发现，青年组和老年组被试的前瞻记忆成绩不存在显著差异（Einstein & McDaniel，1990）。

从那时起，运用这种范式的研究在前瞻记忆领域中一直都占据着主导地位。这一范式可用图 2-1 表示，即被试在完成进行中任务（如单词分类任务）的同时，记着对特定的前瞻记忆线索（如出现在单词分类任务中的字母"p"）进行反应（如按某个目标键）（Kliegel et al.，2008）。这种双任务设计是为了让前瞻记忆任务和进行中任务同时竞争有限的执行资源，其中一些资源被用来完成进行中任务，而另一些资源被用来监测目标事件出现的环境（Smith，2003；Smith & Bayen，2004）。如果前瞻记忆的线索是一个事件（如单词"plant"的出现），那么该任务被称为基于事件的前瞻记忆任务（Kvavilashvili et al.，2001）；如果前瞻记忆的线索是某个特定的时刻（如每分钟），那么该任务被称为基于时间的前瞻记忆任务（Kliegel et al.，2001，2005）。

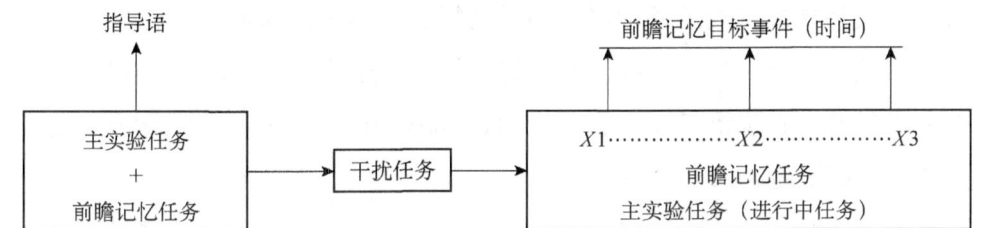

（a）Einstein和McDaniel（1990）的范式

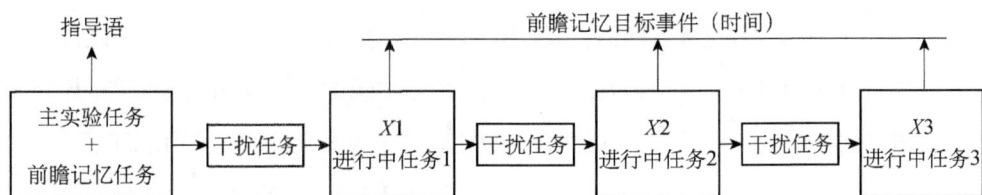

（b）Einstein和McDaniel范式的改进版（Kvavilashvili et al.，2001）

图 2-1　前瞻记忆的实验室范式示意图

资料来源：Kvavilashvili, L., Kyle, F. E., & Messer, D. J.（2008）. The Development of Prospective Memory in Children：Methodological Issues，Empirical Findings，and Future Directions. In M. Kliegel，& M.A. McDaniel，& G. O. Einstein（Eds.），*Prospective Memory：Cognitive，Neuroscience，Developmental，and Applied Perspectives*（pp. 115-140）. Mahwah：Lawrence Erlbaum.

实验基本操作程序如下：开始时，先呈现进行中任务指导语，即告诉被试进行中任务是如何操作的。紧接着呈现前瞻记忆任务指导语，即在完成一系列进行中任务时，若碰到某个目标事件，被试就按下反应键。在被试完全理解了进行中任务与前瞻记忆任务如何操作之后，即可进入正式实验。但在进行中任务开始执行前，要求被试先完成一些干扰任务，以避免被试通过复述或其他方式将前瞻记忆任务保存在工作记忆中，目的是使被试对前瞻记忆任务产生一定程度的遗忘，然后再执行嵌有前瞻记忆目标线索的进行中任务。最后，根据按下反应键的正确率以及反应时评估其前瞻记忆任务的完成情况。也有研究者将进行中任务称为基本任务或掩蔽任务（Kliegel et al.，2001）。

2.3.2 实验室研究范式的评价

从以上介绍中可知，Einstein 和 McDaniel（1990）提出的前瞻记忆实验室范式研究方法的主要特点是要求被试完成前瞻记忆任务与进行中任务的双任务，一般使用个人电脑运行并展示活动任务。这一研究范式一方面能使研究者方便有效地引入并操控影响前瞻记忆的各种变量，最大程度排除困扰日常范式中无关因素干扰的问题；另一方面，与被试的前瞻记忆有关的成绩，如进行中任务与前瞻任务的正确与错误反应、反应时等都能够被精确记录，因此大大提高了研究结果的精确度。

基于上述特点，前瞻记忆的实验室研究方法一经提出，很快便被其他研究者所接受，被公认为是最佳的前瞻记忆研究范式，并在之后的研究中得到了广泛的运用。从它出现起到目前为止的 20 多年时间内，几乎所有关于前瞻记忆心理机制的研究都使用了这一方法。本书第 1 章中介绍的几种描述前瞻记忆心理机制的理论模型——简单激活模型、注意/差异＋搜索模型、多重加工模型、多项加工树状模型等，基本上都是建立在实验室实验研究的结果之上的。例如，Einstein 等（2005）运用典型的实验室实验法，将判断屏幕上的单词是否配对作为进行中任务，将遇到目标词时按规定的按键作为前瞻记忆任务，通过控制目标词的数量、对任务的强调、有无前瞻记忆任务实际出现等因素，证明了前瞻记忆的多重加工模型，即前瞻记忆的提取既需要自动加工，也需要注意参与的控制加工。

　　不难看出，实验室范式的精确、量化、易操纵变量等优点特别适合有关前瞻记忆心理机制和影响因素的认知心理学研究。所以，20 多年来，诸多研究者使用这一方法深入探讨了诸如年龄、延时、动机与情绪、外部线索、任务的内容和性质等因素与前瞻记忆的关系，使人们对前瞻记忆的认识达到了新的高度。

　　当然，实验室实验研究也失去了自然实验研究的生态效度。也就是说，在实验室中测量的前瞻记忆是否与日常生活中的前瞻记忆同质，是值得怀疑的。这一点从前瞻记忆年龄效应的研究结果中就可以看出——实验室范式的研究大多数得出了青年被试的前瞻记忆成绩优于老年被试的结果，而日常范式的研究则大多数得出了相反的结论（详见本书第 6 章内容）。另外，在实验室条件下，由于前瞻记忆加工过程的特殊性，被试的前瞻记忆成绩很容易出现天花板效应，这也是经常困扰研究者的一个问题。

2.4
研究方法的新动向

　　如前所述，日常范式和实验室范式是前瞻记忆研究的两种基本范式。从近几年的研究来看，前瞻记忆的研究方法又呈现出新的动向和发展趋势。

2.4.1　情境模拟法的崛起

　　从前述发展历程中可以看出，前瞻记忆的研究方法大致经历了一个从日常范式转向实验室范式的过程。在日常范式下进行前瞻记忆的实验研究，虽然具备很强的生态效度，但它无法消除日常生活中影响实验任务的诸多无关因素。所以，在实验室实验法出现后，自然实验法的研究几乎销声匿迹了。但考虑到控制变量与实验目的等方面的原因，也有少量研究借助这种方法来进行实证研究。例如，在一项研究中，Carey 等（2006）让 I 型艾滋病毒感染组与非感染组在意向形成 24 小时后用电话或短信将当天的睡眠时间报告给主试，结果发现感染组的完成率显著低于非感染组。这一研究之所以采用自然实验法，是因为要确定长时间的延时（一天、数天甚至数周）对前瞻记忆的影响，是不可能在实验室或模拟情境下完成的。虽然实验室范式因可控性强和结果精确而优于日常范式，但如果从前瞻记忆是日常生活中重要的一种记忆现象的角度来看，实验室范式的研究显然牺牲了部分生态效度，不能完全代替日常范式的研究。前述两种范式下年龄效应的矛盾结果，以及刘伟（2007）的研究发现——两种范式下前瞻记忆成绩没有相关的结果，都说明了这一点。

近年来，随着前瞻记忆研究的深入，情境模拟法受到一些研究者的重视。情境模拟法是营造一个由主试安排、模拟日常生活活动的情境，将前瞻记忆任务植入这一模拟情境中，从而对被试的前瞻记忆能力进行考察的方法。实际上，前述 Loftus（1971）的研究（被公认为前瞻记忆的第一个实验研究）就使用了这一方法。再如，Rendell 和 Craik（2000）为研究前瞻记忆的年龄效应，设计了一个名为"虚拟一周"的模拟日常生活情境的游戏，也运用了情境模拟法。在游戏中，被试通过掷骰子获得点数后，沿着游戏面板上代表一天中时间的方格前进，在前进到特定时间时，完成已布置的前瞻记忆任务。另外，情境模拟法还特别适合考察没有能力完成实验室任务的儿童的前瞻记忆。例如，Kvavilashvili 等（2001）就设计了一个让儿童为一个名叫 Morris 的玩偶避开动物的故事情境，让儿童在命名图片时，完成遇到动物图片就将其放入一个盒子中的前瞻记忆任务。

在诸多情境模拟法的研究中，Kvavilashvili（1987）研究前瞻记忆中前瞻成分与回溯成分关系的实验设计堪称经典。在该实验中，第一位主试先对被试进行了一些无关测验后，告知被试到另一个房间去找第二位主试接受其他测验，当被试起身准备离去时，主试叫住被试，让他见到第二位主试时顺便问一下"昨天 Kandibadze 收集的数据"。当被试进入另一个房间告诉第二位主试这个信息后，第二位主试决定先对被试进行测试，并让被试在测试结束时提醒他关于"昨天 Kandibadze 收集的数据"这件事。研究者根据被试能否记住"Kandibadze"

这个不常见的姓氏和是否记得提醒第二位主试来确定被试在任务的回溯部分和前瞻部分的成绩，结果发现两者之间并无关联。

不少研究者发现，情境模拟法能在一定程度上解决自然实验法和实验室实验法在生态效度和实验过程控制性上存在的两难问题。他们在一般的情境模拟法基础上，通过精心设计和改进，力图发展出更为理想的前瞻记忆研究技术。如 Kvavilashvili（1992）认为，如果模拟情境中植入的前瞻记忆任务是自然的而非人为的，即让被试不觉得这种任务是刻意安排的（例如，让被试在完成问卷后，在问卷指定的地方签名就是自然的任务，而画一个与问卷无关的特殊符号就是人为的任务）。那么，这样的研究方法在控制性、避免天花板效应、平衡被试动机、生态效度等方面都要优于其他研究方法。在刘伟（2007）的研究中，"完成签日期任务"（实验三）和"听录音完成自陈问卷任务"（实验四）都带有情境模拟法的特点。从实验结果来看，在避免天花板效应方面，情境模拟法确实比实验室任务更有优势，其中实验四的任务优势更为突出。

由于兼顾了自然实验法与实验室实验法的优点，近年来使用情境模拟法的前瞻记忆研究呈现增多的趋势，打破了实验室实验法"一统天下"的局面。如在前述 Carey 等（2006）的研究中，研究者模拟了一个心理测验的情境，向被试布置了诸如"向主试询问测试何时结束""15 分钟后提醒主试测验结束"等前瞻记忆任务。前文中提到的一些研究，如 Wang 等（2006）、赵晋全等（2003）的研究也使用了这类方法。正如 Kvavilashvili（1992）所预测的那样，这些使用情境模拟法的实验研究都未出现天花板效应。

不仅如此，情境模拟法还可以根据研究目的、研究内容的实际情况，在生态效度和精确性两个维度上灵活调节，因此它的适用范围更加广泛。也就是说，如果实验目的是探索日常生活中前瞻记忆的表现与特点，那么可以将情境模拟得更接近真实的生活场景，同时又能对实验过程进行有效控制。例如，在 Rich 等（2006）研究安定类药物对前瞻记忆影响的实验中，在进行心理测试的间隙，主试收取被试一件随身物品并集中放置。前瞻记忆任务为：当主试提醒测试结束时，被试应主动索要自己的物品。若要对前瞻记忆完成过程中被试各项活动指标（如反应时、错误种类等）进行精确测量，以确定前瞻记忆的心理机制，可以把情境的模拟调节到更接近实验室实验的情景，同时，又在一定程度上保持了实验的生态效度。如上述 Kvavilashvili（1992，2001）和 Wang 等（2006）的研究即是如此。所以，与自然实验法和实验室实验法相比，情境模拟法是一种较有发展潜力的研究方法。这一方法近年来得到较多的关注与使用，也正体现了研究者克服现存研究方法的不足、积极发展新的研究方法的努力。

除以上三种实验研究方法外，问卷法有时也被运用在前瞻记忆的研究中。研究者主要使用了前瞻记忆问卷（The Prospective Memory Questionnaire，PMQ）、（Hannon et al.，1995）和前瞻记忆与回溯记忆问卷（Prospective and Retrospective Memory Questionnaire，PRMQ）（Smith et al.，2000）。这两种问卷除了在一些研究（Heffernan，2005；Heffernan & Ling，2001；Rodgers et al.，2001）中被使用外，还有一些研究对它们的信效度进行了分析（Crawford et al.，2003，2006；Kliegel & Jäger，2006a），并得到了让人满意的结果。

当然，就前瞻记忆实验研究而言，并不存在最好的方法，只有最适合的方法。各种实验研究的方法都有其适用的研究内容与目的。例如，仅从前瞻记忆任务编码到执行之间的延迟来看，自然实验法适合研究在较长时间之后执行的前瞻记忆，实验室实验法适合短时的、要求精确结果的前瞻记忆，而情境模拟法可以在实验室实验法的基础上将时间进行适当延长。所以，一种好的前瞻记忆实验研究方法应该在最大程度上兼顾研究过程的可控制性、研究结果的精确性、研究的生态效度等，而不是偏废其中的一个方面。由此看来，情境模拟法在一定程度上契合了这一发展方向。但这仅仅是一个开端，前瞻记忆研究方法的改进，还有一段很长的路要走。

2.4.2　前瞻记忆研究与日常生活实际相结合

如前所述，前瞻记忆研究的开创与记忆研究回归日常生活这一潮流的大背景密不可分。但在开创了一个新的研究领域后，相关的基础研究也是必不可少的。因此，在实验室范式提出后 20 多年的研究中，这一领域中数量最多的就是在实验室中进行的有关前瞻记忆机制的基础研究，即通过对诸如延时、任务性质、提示、年龄等因素的控制，探索前瞻记忆认知加工机制的特点与影响因素。而基于实用或改进日常生活中前瞻记忆能力的研究数量极少。目前，应用领域的研究主要集中在以下四个方面。

1）前瞻记忆的改进与训练。例如，Schmidt 等（2001）通过对老年被试的内部策略与外部策略运用的训练，提高了被试的前瞻记忆成绩。Vedhara 等（2004）研究了 II 型糖尿病患者服药情况与前瞻记忆的关系以及改进的方法，结果发现，能按时服药的患者在前瞻记忆中的测试成绩好于忘记按时服药的患者的成绩，并且听觉提醒优于视觉提醒，而听觉和视觉双重提醒效果最好。还有研究者用录音机的声音提示改进前瞻记忆能力低下者的表现，结果表明也有较好的效果（Yasuda et al.，2002）。在另一项大型的研究中，Vilia 和 Abeles（2000）招募了 115 名老年被试，对他们进行了七个专题的培训，内容包括词表记忆的训练、情绪与记忆的讨论、放松练习、人名记忆的练习等。结果均发现，在训练后，被试的前瞻记忆成绩比训练前有显著提高。

2）特定群体的前瞻记忆特点。这类研究主要探讨了脑损伤患者（Schmitter-Edgecombe & Wright，2004；Mathias & Mansfield，2005）、酒精依赖患者（Heffernan et al.，2002）、帕金森病患者（Katai et al.，2003）、阿尔茨海默病患者（Smith et al.，2000）、艾滋病毒感染者（Carey et al.，2006）、ADHD 儿童（Kliegel et al.，2006）等特定人群的前瞻记忆特点。研究结果都无一例外地表明，这些特定人群的前瞻记忆能力都不同程度地低于普通人群，但对这些人群前瞻记忆减退的原因与机制、护理与康复等问题尚有待进行进一步探索。

3）情绪、个性等对前瞻记忆的影响。这方面的研究发现：前瞻记忆与焦虑情绪有显著的负相关，与抑郁情绪无关（Harris & Menzies，1999）；病理性抑郁导致前瞻记忆成绩下降（Rude et al.，1999）；社会心理的压力使基于时间的前瞻记忆成绩提高（Nater et al.，2006）；A 型人格被试的前瞻记忆成绩比 B 型人格的成绩好（Searleman，1996）；艾森克人格量表测得的外向性被试比内向性被试的前瞻记忆任务完成得好（Heffernan & Ling，2001）；场独立者的前瞻记忆成绩显著好于场依存者的成绩（李寿欣等，2005）。但上述研究往往探索的是实验室条件下而不是日常生活中的前瞻记忆与情绪、个性等的关系，这使研究的生态效度受到了极大的影响。

4）将研究成果运用于实践的探索。尽管前瞻记忆研究开创的背景是让记忆接近现实，接近运用，但让人困惑的是，到目前为止，将前瞻记忆的研究成果运用于实践的探索可谓是少之又少。根据现有资料，仅有的这类研究有：在个人计算机的人类功效学研究中，有研究者探讨了在计算机使用过程中，如何通过软件提示使用者记起尚未完成的任务（前瞻记忆任务）的问题（Lamming et al.，1994；Altmann & Gray，2000），当然这种提示不仅是针对前瞻记忆的，也包括了回溯记忆的内容。在另一项研究中，Shapiro 和 Krishnan（1999）通过让被试模拟消费者的购物过程，研究线索的关联性、外部提示等对前瞻记忆的影响，力图对商业消费领域的活动产生启发。

上述研究现状表明，前瞻记忆原理在实践中运用的研究尚处于起步阶段。实际上，多数的职业活动和日常生活都离不开前瞻记忆的参与，在有的职业，如行政、复杂仪器操作等活动中，这种能力显得尤为重要；在前瞻记忆水平降低的特定人群中，这种记忆的改善也是很有意义的研究课题。并且前瞻记忆原理在实际生活中运用的研究也能反过来为前瞻记忆机制与规律的揭示提供启发和依据。可以说，这一领域大有可为。

2.4.3　前瞻记忆的神经心理学研究取向

神经心理学与脑机制的研究，是接近前瞻记忆实质的另一条途径。近年来，研究者们开始使用电生理技术研究前瞻记忆加工的脑机制，并且每年发表的研究报告的数量呈快速增长趋势（图 2-2）。

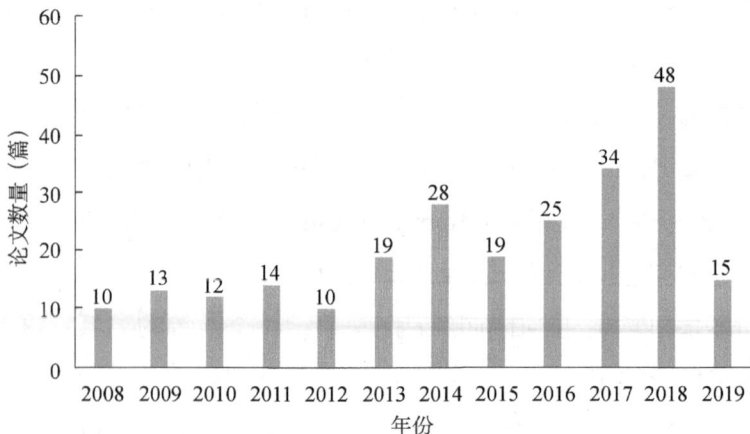

图 2-2　2008～2019 年发表的前瞻记忆认知神经科学研究报告数量

数据统计结果截至 2019 年 4 月 30 日

目前，事件相关电位（event-related potentials，ERP）方法是研究前瞻记忆神经机制的重要方法。在研究过程中，研究者通常关注两个主要方面：①进行中任务诱发的 ERP，即策略监控的电生理信息，通常通过对比单一背景任务与嵌入前瞻记忆任务的背景任务获得（Chen et al.，2007；Knight et al.，2010；Czernochowski et al.，2012；Cona et al.，2012a），策略监控与额叶和顶叶区域的激活有关（West et al.，2011；Czernochowski et al.，2012；Cona et al.，2012a，2012b）；②前瞻记忆任务诱发的 ERP，即完成前瞻意图的脑电表达（West，2011）。

其中，N300 位于顶-枕叶（West et al.，2001；West，2007）与前瞻记忆的线索识别有关（West & Ross-Munroe，2002；West & Krompinger，2005；West，2007；Cabeza et al.，2008；Ciaramelli et al.，2008）；FN400 是刺激出现后的 300～500 毫秒的正走向的脑电波，位于额中部区域（West，2007，2011）。它反映了提取加工与回溯成分关联并支持前瞻线索的再认（West & Krompinger，2005；West et al.，2006），还与进行中任务的转换有关。

例如，West 等（2003）使用 ERP 技术为前瞻记忆年龄效应的确定提供了确凿依据。这项研究通过在前瞻记忆的意向形成和意向实现两个环节中比较老年被试与年轻被试的差异，结果发现，完成一个有显著年龄效应的前瞻记忆任务时，与年轻被试相比，老年被试在意向形成阶段的额极慢波（frontal-polar slow wave，FTSW）波幅减小，颞顶慢波（temporal-parietal slow wave，FTSW）波幅增大；与年轻被试不同的是，老年被试在前瞻线索识别阶段的 N300 波（指刺激启动后 300 毫秒时，枕顶区域的正相波）和额叶慢波（frontal slow wave，FSW）波幅减小；与前瞻任务中回溯记忆过程相联系的顶叶正波没有年龄差异。这项研究间接证明了前瞻记忆能力随年龄增长而下降的机制，即在意向形成（编码）阶段，前瞻记忆成绩由老年被试的意向编码能力的降低而下降；在意向实施阶段，由老年被试提取前瞻线索以及从进行中任务转向前瞻记忆任务的能力降低导致，而与前瞻记忆的回溯记忆成分无关。另外两项研究也发现，N300 和顶叶正波分别与前瞻记忆的前瞻成分和回溯成分相关（West，2008，2011）。

Martin 等（2007）使用脑磁图（magnetoencephalography，MEG）进行研究发现，监测前瞻记忆目标线索涉及额顶脑区（frontoparietal areas）的参与，而海马区域主要参与意向从记忆中的提取。来自脑损伤患者的研究（Umeda et al.，

2006）也支持了这种观点，前额叶损伤的患者不能记得未来有事情要做，但是能成功的记住未来要做的事情的内容，即其前瞻记忆的前瞻成分受到损伤，回溯成分却完好无损；而内侧颞叶受损的患者能清楚地记得未来有事情要做，却不能提取具体的内容，即其前瞻记忆的前瞻成分正常，但回溯成分受损。

进一步的功能性磁共振成像（functional magnetic resonance imaging，fMRI）研究表明，前瞻任务的加工持续激活前额叶。前额叶功能在于调节注意外部环境刺激和内部生成表征的平衡。研究证实，在意图行为的监控过程中，前额叶的激活引发对意图内部特征的关注（Benoit et al.，2011；Burgess et al.，2008，2011；Simons et al.，2006）。

除了前额叶，前瞻记忆任务也引发了下顶叶与楔前叶激活增强（Burgess et al.，2011；Hashimoto et al.，2011；Simons et al.，2006）。研究还表明，脑部的激活与前瞻记忆目标线索的探测和识别有关。而且，之后的意图提取也显示前瞻目标在前扣带回（Bisiacchi et al.，2011）、背外侧前额叶（Gilbert et al.，2009）、脑岛（Okuda et al.，2001）、楔前叶（Poppenk et al.，2010）、后顶叶（Reynolds et al.，2009）、颞叶（Rusted，Ruest，& Gray，2011）存在短暂激活。此外，前瞻目标引起的背外侧前额叶和后顶叶的激活与前瞻记忆表现也密切相关（Simons et al.，2006）。一些直接比较前瞻任务和背景任务的研究发现，前扣带回和双侧顶叶对前瞻记忆目标的反应更为强烈（Rusted et al.，2011；Simons et al.，2006）。

但到目前为止，有关前瞻记忆神经心理学方面的研究相对来说还是很少，研究深度与研究结论也不尽如人意。在主流心理学学术期刊发表的有关前瞻记忆的研究报告逐年增多的背景下，涉及神经心理学与脑机制的研究却没有同步地逐年增加，研究内容也基本局限于前瞻记忆的脑功能定位方面，并没有突破性的进展。造成这一现状的原因很多，主要与前瞻记忆现象的复杂性、脑科学的现有水平以及现有研究工具与手段的局限性等因素有关。

第二篇

前瞻记忆的毕生发展：从童年到老年

无论是对儿童和青少年独立能力的培养，还是帮助老年人保持独立生活的品质，良好的前瞻记忆能力都是至关重要的（Kliegel et al.，2008；Kvavilashvili et al.，2008）。因此，众多研究者对前瞻记忆的发展研究产生了浓厚的兴趣，从已发表的关于前瞻记忆研究的论文来看，涉及年龄差异的研究数量无疑占据首位。

研究表明，前瞻性记忆能力在人一生当中的发展轨迹呈倒 U 形。前瞻记忆从童年到成年一直处于上升阶段，到老年时则有所下降（Kliegel et al.，2008；Mattli et al.，2011，2014；Maylor & Logie，2010；Zimmermann & Meier，2006；Zöllig et al.，2007，2010）。虽然倒 U 形的前瞻记忆发展轨迹已被研究所证实，但是前瞻记忆在人生发展各个阶段的具体特点又因某些任务或个体的加工特征存在差异而有所不同。并且，目前对于前瞻记忆这种发展轨迹潜在机制的解释不一。有研究认为前瞻成分和回溯成分对人生发展不同阶段的前瞻记忆能力的提高和降低有不同的影响（Mattli et al.，2014；Zimmermann & Meier，2006），而另一些研究则认为个体前瞻记忆能力的发展与其执行功能的发展息息相关（Kerns，2000；Kliegel et al.，2013；Mahy et al.，2014a；Shum et al.，2008；Ward et al.，2005）。

虽然针对儿童、青少年或老年人的研究证实了前瞻性记忆发展的倒 U 形模式，有关前瞻记忆毕生发展的研究却很少。为了更好地理解贯穿个体一生的前瞻记忆能力的发展机制，从毕生发展的角度探究前瞻记忆的发展就显得尤为重要。就前瞻记忆的早期发展而言，虽然 3 岁儿童已经表现出成功的前瞻记忆的早期迹象（Kliegel & Jäger，2007），但是关于前瞻记忆的产生阶段依然存在争议。另外，随着年龄的增长，儿童和青少年的前瞻记忆能力进一步发展，但是由于儿童和青少年在生理和心理的发展性差异，其前瞻记忆能力的发展也受到不同因素的影响。另外，前瞻记忆发展方面的研究最初多集中于前瞻记忆的老化和衰退（Einstein & McDaniel，1990；Henry et al.，2004；Kliegel & Jäger，2006a），之后的研究也试图通过操纵可能影响前瞻记忆发展的各种因素，以探究前瞻记忆发展轨迹的潜在机制。研究者围绕前瞻记忆在终生发展中的年龄差异是源于前瞻或回溯成分的功能变化还是执行功能的发展这一问题，对前瞻记忆的年龄差异展开研究，并结合已有结论，形成了回溯成分说和认知资源限制说两种理论观点，对年龄差异的产生机制进行了解释。

从童年到老年的前瞻记忆研究中，对前瞻记忆早期和青少年期发展的研究关注较少（Guajardo & Best, 2000; Kvavilashvili et al., 2008; Wang et al., 2008）。但近年来，前瞻记忆早期发展方面的研究数量逐渐增多，研究者不仅探讨了前瞻记忆的早期发展趋势，还深入研究了前瞻记忆的早期发展机制问题。

总的来说，目前对前瞻记忆发展领域的研究呈现关注终身发展的趋势。我们将在这一篇中逐一加以讨论。

第 3 章

前瞻记忆早期发展:产生与萌芽

　　在日常生活中，儿童经常需要完成记住捎口信、带作业本去学校，或者记得睡前定好闹钟等前瞻记忆任务。所以，前瞻记忆能力与儿童的生活质量、自我管理和独立性都息息相关（Kliegel & Martin，2003；Meacham & Colombo，1980），前瞻记忆失败将直接影响儿童的生活和学习质量。

　　Kvavilashvili 等（2008）指出，在某些条件下，如果刺激事件本身所具有的特征诱发了高动机水平，如目标事件非常有趣或很重要，那么即使是年幼儿童也能很好地完成前瞻记忆任务，并且不需要有意识地使用策略。这说明前瞻记忆可能是由自动加工调节的。同时，显著的年龄效应也说明前瞻记忆也受到有意识的策略加工的调节。由此可见，前瞻记忆的早期发展研究对于进一步检验前瞻记忆加工的理论模型是很有裨益的。

　　脑成像研究结果证明，前额叶皮层参与前瞻记忆任务的执行（Burgess et al.，2001；Okuda et al.，1998；West et al.，2001）。而来自神经心理学的证据表明，前额叶皮层的成熟较晚（Benes，2001；Caviness et al.，1996；Giedd et al.，1999；Huttenlocher & Dabholkar，1997；Kolb & Fantie，1989；Lambe et al.，2000；Pfefferbaum et al.，1994；Sampaio & Truwit，2001；Stuss，1992）。因此，有理由推论，随着神经系统发育的成熟与完善，儿童的前瞻记忆能力也随之发展。

总的来说，当前行为学的研究已基本证实了这一推论。

3.1

儿童前瞻记忆的实验研究范式

受学前儿童时间辨别能力的影响，目前研究者主要关注学前儿童基于事件的前瞻记忆能力的发展，并已形成其独特的实验设计风格（Kvavilashvili et al.，2001；Guajardo & Best，2000；Kliegel et al.，2001）。

目前，儿童前瞻记忆的研究基本上也采用上述 Einstein 和 McDaniel（1990）提出的双任务实验研究范式，即要求被试在遇到前瞻记忆线索时继续执行进行中任务，之后再执行前瞻记忆任务。但是，对以往文献进行分析可以发现，他们使用的范式之间是存在细微差别的。在研究中还存在另外一种实验方法，即要求被试遇到前瞻记忆线索时，立即停止进行中任务，即刻转换到前瞻记忆任务的执行上。这种任务范式被 Bisiacchi 等（2009）称为任务转换范式。这两类范式都适合于儿童的前瞻记忆测试，但是后者的完成难度要比前者大。

此外，学前儿童在语言、思维、认知发展、信息加工等方面有其独特的年龄特征，因此，研究者在实验的设计上力求使研究更适合这些特征。整个实验过程一般都充满趣味性、情景性、故事性和游戏性，以此来调动儿童参与研究的积极性和增进其对实验内容的理解性（王丽娟等，2006）。

Kvavilashvili 等（2008）在第二部前瞻记忆论著 *Prospective Memory*：*Cognitive*，*Neuroscience*，*Developmental*，*and Applied Perspectives* 的发展研究部分提出了儿童前瞻记忆研究范式（图 2-1）。研究者在设计成人前瞻记忆任务的时候，为了避免前瞻记忆任务目标线索的频率过大，使加工过程演变成注意警戒任务，所以进行中任务的操作时间较长，一般持续 20 分钟左右。但对于儿童来说，这个时间间隔容易造成疲劳、注意力涣散等问题。因而，Kvavilashvili 等（2001）强调在设置儿童前瞻记忆任务的时候，进行中任务的时间要短一些。

例如，在其研究中，进行中任务是让儿童命名卡片（20 张）上的名称，持续时间在 2 分钟左右。但考虑到儿童的年龄特点，把进行中任务控制在相当短的时间内必然会引起另外一个问题——天花板效应。他们认为可通过预实验来调试进行中任务的难度水平从而避免此问题。Wang 等（2008）和 Kliegel 等（2013）也认为，学前儿童的前瞻记忆测试应根据不同的年龄阶段调整进行中任务的难度水平和持续时间。

另外，有研究表明，儿童前瞻记忆的年龄效应很可能是由于其他方面的能力而非前瞻记忆能力本身的差异造成的。例如，Guajardo 和 Best（2000）在实验结束后询问儿童关于任务指导语的内容，结果发现，3 岁儿童的回溯记忆差于 5 岁儿童，52%的 3 岁儿童不能正确地回忆前瞻记忆指导语的内容，因此无法对前瞻记忆任务进行反应。这说明，3 岁儿童较差的表现可能在很大程度上与回溯记忆缺陷有关。也就是说，儿童未能完成前瞻记忆任务很可能是因为记不起要完成目标任务的具体内容要求。如果前瞻记忆目标任务过于复杂，儿童很可能将其忘记。因而，Kvavilashvili 等（2008）指出在对学前儿童前瞻记忆能力进行评估的时候应更为谨慎，儿童前瞻记忆实验需要进行事后访问，要求儿童回忆前瞻记忆任务内容。在统计分析时，应排除不能完整回忆前瞻记忆任务指导语的数据。

3.2

儿童前瞻记忆的发生和发展

有研究表明，要想成功地处理日常事务，前瞻记忆的早期发展至关重要（Meacham & Colombo，1980）。但是，与老化方面的研究相比，前瞻记忆早期发展方面的研究还处于较为薄弱的阶段。有关个体前瞻记忆能力最早发生的年龄段以及学前期出现显著转折点的年龄段仍存在争议。

3.2.1 儿童前瞻记忆能力的产生

Winograd（1988）认为前瞻记忆是在儿童早期发展起来的，并得到了一些实证研究的支持（Kvavilashvili et al.，2001；Meacham & Colombo，1980）。但也有一些研究认为儿童前瞻记忆是在学龄期才发展起来的（Kurtzcostes et al.，1995；Kerns，2000）。因此，儿童前瞻记忆发展研究所要解决的首要问题，就是确认前瞻记忆能力最早出现的年龄阶段。

到目前为止，仅有 3 篇研究探讨了 2 岁儿童的前瞻记忆，且得出了不同的结果（Somerville et al.，1983；Kliegel & Jäger，2007；Ślusarczyk & Niedźwieńska，2013）。Somerville 等（1983）使用自然情景法研究了 2 岁、3 岁和 4 岁儿童在日常生活中完成前瞻记忆的情况。研究分两个步骤进行，首先，要求被试照料者记录被试一个月内与记忆有关的行为。结果表明，即使是 2 岁、3 岁的孩子，通常也记得完成经常性的或是预先安排好的活动。随后，研究采取 3（年龄：2 岁/3 岁/4 岁）×2（兴趣：有兴趣/无兴趣）×2（延迟时间：短延迟=1～5 分钟/长延迟=早上至下午或晚上至第二天早上）三因素混合实验设计，探索自然情景中 2～4 岁儿童前瞻记忆的发展特点及兴趣和延迟对 2～4 岁儿童前瞻记忆的影响。其中，年龄为被试间因素，兴趣和延迟时间为被试内因素。实验的基本任务是照料者要求儿童在将来某个特定的时间提醒他或她做一些事情。在高兴趣条件下，儿童需要提醒的事情为他们感兴趣的事情——"明天到商店时提醒我要买糖果"；低兴趣条件下，相应为儿童不感兴趣的事情——"午睡后提醒我要把洗好的衣服拿回来"。研究结果表明，在没有提示的情况下，2 岁儿童完成高兴趣、短延迟提醒任务的百分比为 80%（此成绩与 4 岁组儿童相同）；高兴趣、长延时提醒任务的完成率为 50%；低兴趣、短延时提醒任务的完成率为 20%；低兴趣、长延时提醒任务的完成率为 0。据此，该研究认为 2 岁儿童（平均年龄为 32 个月）已能实施将来意图。

Kliegel 和 Jäger（2007）采取了 5（年龄：2 岁/3 岁/4 岁/5 岁/6 岁）×2（记忆辅助：有记忆辅助/没有记忆辅助）的被试间实验设计，对 2～6 岁儿童基于事件的前瞻记忆的发展进行了研究。进行中任务要求被试命名卡片上的物品（如飞机、椅子、时钟等）；前瞻记忆任务要求被试将目标卡片（苹果，分别出现在第一组的第 8 张、第二组的第 6 张和第三组的第 9 张）放置于他们下方的盒子中。研究发现，只有 30% 的 2 岁儿童能够回忆起前瞻记忆任务指导语。并且无论在哪种实验条件下，2 岁儿童的前瞻记忆成绩都与 0 分的差异不显著。研究仅对能完整回忆出前瞻记忆指导语的 2 岁儿童的前瞻记忆成绩进行了分析，结果表明其前瞻记忆的成绩也与 0 分的差异不显著。相比之下，所有条件下 3 岁儿童的前瞻记忆成绩均显著大于 0 分。该研究结果否定了 2 岁儿童（平均年龄为 30 个月）可能获得实施将来意图能力的推测，并认为前瞻记忆能力最早出现在 3 岁。

Ślusarczyk 和 Niedźwieńska（2013）使用情景实验法来考察 2～6 岁儿童的前瞻记忆发展情况以及任务中断和动机所产生的影响。进行中任务要求被试在一个安静的房间里玩游戏（画画、玩游戏拼图）。前瞻记忆任务分为四种情况：①无中断、低动机；②有中断、高动机；③无中断、高动机；④有中断、低动机。在无中断、低动机条件下，要求被试在画完画以后将彩笔放到窗台上；在有中断、高动机条件下，要求被试看到主试时，向其讨要糖果；在无中断、高动机条件下，要求被试做完拼图游戏后从架子上拿一个小贴画；在有中断、低动机条件下，则要求被试在看到主试时，告诉主试下午放学后谁来接自己回家。剔除无效数据（7 个不能回忆出前瞻记忆任务指导语的 2 岁儿童）后的结果分析显示，在四种任务条件下，2 岁儿童的前瞻记忆成绩与 0 分差异显著，说明 2 岁儿童（平均年龄为 33 个月）在自然情景条件下已经具备了完成基于事件的前瞻记忆任务的能力。

总之，虽然对前瞻记忆能力最早出现的时间存在着上述"2 岁说"和"3 岁说"的争议，但目前的研究结论一致认为，3 岁儿童具备或是在一定程度上具备执行前瞻记忆的能力（Somerville et al.，1983；Guarjardo & Best，2000；Kliegel & Jäger，2007；Wang et al.，2008）。

Guarjardo 和 Best（2000）采取 2（年龄：3 岁/5 岁）×2（线索类型：有线索/无线索）×2（奖励：有奖励/无奖励）三因素混合实验设计探索了 3 岁和 5 岁儿童在实验室条件和自然情景下完成基于事件的前瞻记忆任务的表现。其中，线索类型是被试内因素，年龄和奖励是被试间因素。实验在计算机上进行，通过屏幕呈现一系列图片（如狗、乌龟、树、球、眼睛；总共 6 组，每组 10 张，每张图片呈现 5 秒，间隔时间为 1 秒），两个年龄组被试对呈现的项目都很熟悉。进行中任务要求被试在每组呈现后回忆出所呈现的图片。前瞻记忆任务要求儿童在每次看到目标图片（鸭子、房子）时按下空格键。每名儿童需要进行两次相类似的计算机任务，两次任务的区别为有无线索，两次任务相隔 24～72 小时。自然情景研究控制的自变量是延迟时间，包括两个短期延迟任务和两个长期延迟任务。在短期延迟（20 分钟）条件下，要求被试完成计算机任务后向主试索要贴纸，并把门关上；在长期延迟（24～72 小时）条件下，要求被试记住在完成第二次计算机任务时，把第一次计算机任务结束后收到的图片返还给主试，并向其索要一支铅笔带回家。结果表明，虽然只有 52%的 3 岁儿童能记住前瞻记忆任务指导语，但 3 岁儿童已经能执行前瞻记忆的实验室计算机任务和自然情景任务。

Wang 等（2008）采取 3（年龄：小班/中班/大班）×2（有无回溯记忆负载：有/无）的被试间设计，对有无中断条件下 3～5 岁儿童的前瞻记忆发展进行了研究。进行中任务是对粘贴在儿童篮球上的物体图片进行命名；前瞻记忆任务是当见到图片上的物体为动物时，不进行图片命名任务，而是尽可能快地转身把球扔到一个篮子里。12 个实验刺激中包括一个前瞻记忆目标图片，或者放在中间位置（第 7 个位置），或者放在最后位置（第 12 个位置）出现，其他的球随机呈现。结果发现，与另外两组年长儿童的成绩相比，3 岁儿童的前瞻记忆成绩较差，但没有出现地板效应，说明他们已经具备完成前瞻记忆任务的能力。Wang 等（2008）的研究结果支持由 Meacham（1982）和 Winograd（1988）提出的观点，即前瞻记忆能力在生命的早期就已发展起来（Kvavilashvili et al., 2008）。

关于 2 岁儿童是否具备前瞻记忆能力，以往的研究并未取得一致结论，其原因可能是 Somerville 等（1983）的研究范式基于日常生活，实验控制较少，任务情景逼真，有利于年幼儿童完成前瞻记忆任务，特别是 2 岁儿童对任务情景的熟悉和认知；而 Kliegel 和 Jäger（2007）的研究采取了严格的实验室控制方法，实验过程易于操作控制，但年幼儿童，尤其是 2 岁儿童是否能充分理解实验中的卡片命名任务和前瞻记忆任务是值得商榷的。儿童对实验任务的不熟悉和不理解，可能是造成该实验中被试表现较差的原因之一。

此外，在被试的具体年龄选择上，上述三个研究中，每个研究所选取的 2 岁儿童的具体年龄是不一样的，这也可能是导致探查结果不一致的原因。Ślusarczyk 和 Niedźwieńska（2013）的研究选取的 2 岁儿童平均年龄为 33 个月，Somerville 等（1983）的研究中 2 岁儿童平均年龄为 32 个月，而 Kliegel 和 Jäger（2007）的研究中 2 岁儿童的平均年龄则仅为 30 个月。所以在今后的研究中，对于前瞻记忆发生年龄的探查也许应具体到月份。

总之，对前瞻记忆最早发生年龄的研究需要考虑三方面的问题：一是在研究方法上，应结合自然情景法和实验室法，综合使用适用于婴幼儿的测试方法，这样更有利于研究低幼儿童前瞻记忆的发生发展；二是在年龄上，选取被试的年龄应更加具体，被试之间的年龄间隔尽应可能地缩小，以免出现年龄误差；三是注意使用儿童能够和易于理解的语言来呈现任务指导语，以确保所有被试很好地理解了任务内容。相信随着研究者的共同努力，前瞻记忆早期发生的时间和机制会越来越清晰。

3.2.2　儿童前瞻记忆能力的发展

学前期儿童前瞻记忆能力的发展趋势是目前很多研究者所关注的问题之一。就目前现有的研究来看，只有少量研究者持有不同的观点（Kliegel et al.，2010；Somerville et al.，1983；Wang et al.，2008），大多数研究者基本上达成一致结论，即认为学前儿童前瞻记忆执行能力存在显著的年龄效应（张磊等，2003；王永跃等，2005；Cheie et al.，2014；Guarjardo & Best，2000；Kliegel & Jäger，2007；Kvavilashvili et al.，2001；Mahy & Moses，2011；Ślusarczyk & Niedźwieńska，2013；Wang et al.，2008），儿童执行意向行为的能力随年龄的增长而显著提高。

张磊等（2003）对 4～8 岁儿童（中班平均年龄为 4 岁 9 个月，大班平均年龄为 5 岁 10 个月，一年级平均年龄为 6 岁 9 个半月，二年级平均年龄为 7 岁 10 个月）前瞻记忆的发展进行了研究，进行中任务是搜索图片，看到与每组第一张图片相同的图片时，就从盒子里拿一个五角星放在桌子上；前瞻记忆任务是在搜索图片的过程中看到 "Snoopy" 图片时就告诉主试。结果表明，各年龄组儿童的前瞻记忆成绩存在显著的年龄差异。中班儿童的得分显著低于其他三个年龄组，而其他组间的两两差异并不显著。研究认为大班儿童可能正处于中枢执行加工能力发展较快的年龄段，而过了这个年龄段后，发展速度渐缓，因而中班和大班儿童前瞻记忆表现相差很大，而大班和小学一、二年级却没有显著差异。

王永跃等（2005）对幼儿园小班（平均年龄为 3.9 岁）和大班儿童（平均年龄为 5.8 岁）的前瞻记忆执行能力进行了研究，实验材料来自幼儿平时课程学习所使用的 80 张图片，图片中有物品、动物、水果等。每张图片中只有一个对象，没有其他背景。实验任务要求幼儿在白天帮助猫头鹰 "找朋友"，进行中任务是将图片上对象的名字告诉猫头鹰；前瞻记忆任务是当幼儿发现了书包的图片时，要将其交给实验者。实验结果表明年龄效应显著，大班幼儿的前瞻记忆成绩显著优于小班幼儿的成绩。研究者认为幼儿前瞻记忆在小班和大班之间可能有一个较大的、高速的发展期，年长儿童前瞻记忆能力显著优于年幼儿童，可能是因为年长儿童的中央执行系统发展得更完善，因而他们能更有效地计划和监控自己的表现。

Kliegel 和 Jäger（2007）的研究结果表明，学前儿童的前瞻记忆能力至少在 3～6 岁呈上升趋势。研究者对比了未排除回溯记忆缺陷数据和排除回溯记忆缺陷的数据。在未排除回溯记忆缺陷数据的条件下，2 岁和 3 岁组儿童的成绩显著低于 4 岁、5 岁和 6 岁组的成绩，其中 2 岁和 3 岁组不存在显著的年龄差异，后三组成绩的年龄效应也不显著。在排除回溯记忆缺陷数据的条件下，2 岁组儿童的成绩接近地板水平；3 岁组儿童的成绩显著低于 4 岁、5 岁和 6 岁组的成绩；后三组成绩的年龄效应不显著。Wang 等（2008）的研究也证实，3～5 岁儿童的前瞻记忆成绩差异显著，3 岁儿童的前瞻记忆成绩显著低于 4 岁和 5 岁儿童的成绩，后两组被试的成绩差异不显著。对三组被试的前瞻记忆成绩进行比较发现，年幼儿童前瞻记忆的正确率为 50%，而其他两组年长儿童的成绩几乎接近天花板水平，说明 3 岁儿童的前瞻记忆能力发展水平较低，并在 3～5 岁一直增长，年龄相关的变化似乎发生在 3～4 岁。

Mahy 和 Moses（2011）研究了 4～6 岁儿童前瞻记忆的发展特点，进行中任务要求儿童帮助 "Morris" 学习卡片上的物体，对卡片进行命名；前瞻记忆任务要求被试看到动物或小汽车图片时做出反应。当看到动物图片时，被试要将其藏起来，放到距离自己大概 4 英尺①的一个盒子内；当看到小汽车图片时要将其放在 "Morris" 待的那个盒子里。结果发现年龄效应显著。在长时延迟条件下，5 岁儿童的前瞻记忆成绩要显著好于 4 岁儿童的成绩，但在短时延迟条件下，两组儿童的成绩则无显著差异；6 岁儿童出现天花板效应，在两种延时条件下，6 岁儿童的前瞻记忆成绩都要好于 4 岁儿童的成绩，但 6 岁与 5 岁儿童之间的前瞻记忆成绩无显著差异。

Ślusarczyk 和 Niedźwieńska（2013）的研究也证实了学前儿童前瞻记忆年龄效应的存在，研究发现 4 岁、5 岁和 6 岁儿童的前瞻记忆成绩要显著好于 2 岁儿童的成绩；5 岁和 6 岁儿童的前瞻记忆成绩要显著好于 3 岁儿童的成绩；6 岁儿童的前瞻记忆成绩显著好于 4 岁儿童的成绩。Kvavilashvili 等（2001）探讨了 4 岁、5 岁和 7 岁儿童前瞻记忆能力的发展趋势，被试对图片进行命名，当碰到目标图片时停止命名并将目标图片藏起来。结果显示，7 岁儿童的成绩显著好于 4 岁和 5 岁组的成绩，但后两者差异不显著。Cheie 等（2014）的实验结果显示，5～7 岁（63～85 个月）儿童的前瞻记忆成绩显著好于 3～5 岁（45～60 个月）儿童的成绩。Mahy 等（2014b）也发现 5 岁儿童的前瞻记忆成绩好于 4 岁儿童的成绩。

上述研究涵盖了整个学前期，均证明学前儿童前瞻记忆能力的提高趋势明显。并且从已有的研究中可以推论，4 岁可能是学前儿童前瞻记忆发展的关键年龄。幼儿园教师和家长可以在这个阶段有意识地引导儿童制定和执行简单的计划，或尝试给儿童布置一些简单有趣的指向未来的小任务，以培养儿童执行未来意向行为的能力。

---

① 1 英尺≈30.48 厘米。

儿童前瞻记忆发展的影响因素

儿童前瞻记忆研究领域可以划分为两个阶段：初期和后期。在初期，研究者主要关注以下两个主要问题：前瞻记忆能力是否随着年龄的增长而提高？前瞻记忆能力的提高与回溯记忆有关吗？在后期，研究者则开始关注抑制能力、进行中任务等更多复杂因素对儿童前瞻记忆任务执行的影响。下面将对此进行逐一介绍。

3.3.1　儿童前瞻记忆与回溯记忆的关系

"前瞻记忆在多大程度上与回溯记忆相似？""二者在多大程度上不同"（Guynn et al.，2001）是儿童前瞻记忆研究初期所关注的热点内容。Meacham 和 Colombo（1980）认为，儿童在前瞻记忆方面的尝试可能是其回溯记忆策略发展的一种重要前兆。因而，了解前瞻记忆与回溯记忆之间的关系意义重大。

在以成人为被试的前瞻记忆研究文献中，越来越多的证据表明前瞻记忆与回溯记忆是不相关的，回溯记忆的缺陷可能不是前瞻记忆损伤的原因（Einstein & McDaniel，1990；Huppert & Beardsall，1993；Kvavilashvili，1987；Maylor，1990；Kliegel et al.，2000；Salthouse et al.，2004）。但有趣的是，对 3 岁和 5 岁儿童前瞻记忆的研究发现，儿童的前瞻记忆与回溯记忆成绩直接相关（Kerns，2000）。出现这种结果的原因虽然尚未明确，但它提示这两种类型的记忆在儿童身上并不是相互独立的，两者可能有着共同的信息加工过程。近年来，有研究者对该问题进行了深入的探索和分析，但得出的结论并不完全一致。

Kvavilashvili 等（2001）的研究结果发现，儿童的前瞻记忆和回溯记忆没有关系。在该研究中，当其他的预测变量被控制后，对前瞻记忆成绩的回归分析发现，年龄主效应不显著，然而用同样的方法对其回溯记忆数据进行分析却发现，年龄是一个显著的预测指标。这说明前瞻记忆和回溯记忆也许有着不同的发展趋势。另外，该结果似乎也支持一些研究者的观点，即虽然前瞻记忆和回溯记忆可能涉及记忆系统的相同成分，但二者对这些成分的要求是不同的。

与此相反，Guarjardo 和 Best（2000）用皮尔逊相关方法对 3 岁和 5 岁儿童的前瞻记忆和回溯记忆成绩进行了统计分析，结果表明，儿童的前瞻记忆与回溯记忆成绩呈显著相关。进一步回归分析结果表明，3 岁儿童的前瞻记忆和回溯记忆成绩的相关显著，但是就 5 岁儿童而言，两者的相关并不显著。

Einstein 和 McDaniel（1990）分析认为，当前瞻记忆任务的回溯方面受到困难任务挑战时，这两种类型的记忆才是相关的。据此推论，3 岁儿童的前瞻记忆和回溯记忆相关可能是因为，相对于年长儿童和成人来说，回溯记忆任务对于年幼儿童来说比较困难。虽然大多数的 3 岁儿童明白当他们看见目标图片时要按键，但是对于他们来说，回溯记忆任务的难度较大。可以推论，如果年长儿童的回溯记忆任务的难度也较大，那么或许 5 岁儿童的前瞻记忆和回溯记忆成绩之间的相关也是显著的。

Wang 等（2008）探究了回溯记忆对 3～5 岁儿童前瞻记忆的影响。其中，有 1/2 的被试同时接受前瞻记忆任务、进行中任务和回溯记忆任务，即儿童在口头报告物品名称的同时，还要记忆物品的名称，以便游戏结束后进行自由回忆测试。为了检验回溯记忆负载对前瞻记忆成绩的影响，研究者先进行了一个总体分析，对回溯记忆负载组和无负载组的前瞻记忆表现进行了比较。结果表明，两组之间不存在显著差异（前瞻记忆成绩正确率分别为 80% 和 83%），接下来，分别计算和分析回溯记忆负载对三个年龄组被试成绩的影响。结果表明，不同的回溯记忆负载对任何年龄组被试的前瞻记忆成绩都没有显著影响。研究者认为，这一结果至少在最大年龄组（5 岁）上是受到前瞻记忆表现的天花板效应的限制。然而，回溯记忆表现显示出年龄差异，并且这种回溯记忆差异在即使排除年龄因素后仍然与前瞻性记忆表现的个体差异相关。研究者还认为，进行中任务中断所需的抑制控制似乎是影响学龄前儿童任务表现的一个尤为重要的因素。

Wang 等（2008）研究的重要贡献在于第一次指出年幼儿童前瞻记忆发展水

平较低的可能机制。因为前瞻记忆任务始终包含一个回溯记忆成分，研究考查了回溯记忆对学前儿童前瞻记忆的发展是否有影响。换句话说，在这个年龄阶段，前瞻记忆和回溯记忆的发展仍然有关联吗（Einstein & McDaniel，1990；Kliegel et al.，2000）？或者说，对于学前儿童来说，两者的发展是否至少有些部分已经分离了？对于该问题，已有文献提供了一个模棱两可的画面。初看，此研究实验一的结果似乎增加了不一致的结论。总体上或者对于每一年龄组被试来说，增加回溯记忆任务并没有显著影响前瞻记忆的正确率。因而，回溯记忆对前瞻记忆似乎没有影响。但是，至少对于年长儿童来说，该结果受到了天花板效应的限制。因此，此研究也分析了前瞻记忆的反应时成绩。结果表明，增加回溯记忆任务的确影响前瞻记忆的反应时成绩。显然，这说明前瞻记忆任务也需要占用加工资源，因此，被试的反应速度变慢（但不影响他们前瞻记忆的正确率）。回溯记忆能力影响前瞻记忆成绩的有力证据来自回溯记忆成绩。回溯记忆的年龄效应反映了自前瞻记忆任务中发现的年龄效应（即 3 岁儿童的前瞻记忆成绩显著低于 4 岁和 5 岁儿童，而 4 岁和 5 岁儿童的前瞻记忆成绩不存在显著差异）。再者，前瞻记忆和回溯记忆成绩相关显著，即使消除了年龄差异的因素之后，两者的相关仍然显著。那么，研究所发现的前瞻记忆年龄效应是由于回溯记忆存在年龄效应而造成的吗？

一个可供选择的解释来自 Kvavilashvili 等（2001）的研究。他们发现，4 岁和 7 岁年龄组被试的年龄效应主要与为了完成前瞻记忆任务而不得不中断进行中任务有关，而与儿童回溯记忆的关系很小。重要的是，分析 Wang 等（2008）在实验一中所使用的任务，其范式与 Kvavilashvili 等研究中的任务中断条件相似，即前瞻记忆线索一直处于进行中任务的中间。因而，可以推论年龄效应的关键机制可能不是因为回溯记忆的发展，而是由前瞻记忆任务的干扰造成的。

3.3.2　学前儿童的前瞻记忆：抑制效应

从理论角度上讲，前瞻记忆被认为在一定程度上依赖于执行控制加工（如多重加工模型，McDaniel & Einstein，2000；预备注意和记忆加工模型，Smith &

Bayen，2004）。就任务要求而言，工作记忆的主要作用是当执行正在进行的任务时积极维持和监控意向线索，而抑制控制则主要用于中断正在进行的活动来监控意向线索以及前瞻记忆任务的执行（Kliegel et al.，2002）。因此，前瞻记忆任务的成功执行依赖于执行功能的两个成分。

研究表明，成年期的执行功能与其前瞻记忆表现呈显著相关（Kidder et al.，1997；Martin et al.，2003；Ward et al.，2005），而这种关联在学龄儿童（Spiess et al.，2015；Yang et al.，2011）和青少年群体（Shum et al.，2008）中也有发现。除了这些研究外，不同年龄组的认知功能障碍个体在前瞻记忆和执行功能方面也表现出类似的缺陷。而且，认知功能障碍个体的执行功能与其前瞻记忆表现具有正相关（Tam & Schmitter-Edgecombe，2013；Ward et al.，2007；Yi et al.，2014）。总之，这些研究都有力地支持了执行功能在前瞻记忆发展中具有重要作用的观点。但是，很少有研究直接考察执行功能对学前儿童前瞻记忆发展的贡献。

Wang 等（2008）在实验二中采取 3（年龄组：小班/中班/大班）×2（回溯记忆负载：无负载/有负载）的被试间设计考察任务中断对学期儿童前瞻记忆成绩的影响。前瞻记忆线索（即贴有动物图片的球）出现在进行中任务的末尾（第 12 个位置，儿童能看到是最后一个球），或者出现在进行中任务的中间（第 7 个位置）。研究假设，中断条件所造成的干扰使被试不得不把注意力从进行中任务转到前瞻记忆任务上，而这种能力的差异可能是年幼儿童前瞻记忆成绩显著下降的关键性因素。数据分析表明，当去除前瞻记忆对进行中任务的中断要求之后，3 岁儿童的前瞻记忆成绩也比较好。并且，即使是 3 岁学前儿童也与 4 岁和 5 岁儿童一样，能够自发地完成延迟意向任务。重要的是，尽管前瞻记忆成绩的年龄效应不显著，但回溯记忆测验的数据同实验一一致，发现了显著的年龄效应。这似乎说明，学前儿童前瞻记忆成绩的年龄效应是由中断条件造成的。同时，该研究也验证了 Kvavilashvili 等（2008）的观点，即在某些条件下，如前瞻记忆任务（只有一个目标事件）和进行中任务的要求都比较简单而有趣，年幼儿童也能很好地完成前瞻记忆任务，说明前瞻记忆提取可以是不需要意识努力的自动加工过程（McDaniel & Einstein，2000；Einstein et al.，2005）。

在 Wang 等（2008）的实验一中，研究以 3~5 岁儿童为研究对象，探究了年龄和回溯记忆对学前儿童前瞻记忆成绩的影响。正如上述讨论，研究结果表明，学前阶段的前瞻记忆发展存在显著的年龄效应。但实验二的研究发现，在去除了任务中断的实验程序之后，年龄效应也随之消失。这似乎说明，学前儿童前瞻记忆发展的年龄效应是由于干扰条件的影响，即年幼儿童的注意发展水平（抑制能力或者注意分配和转移的能力）较低，因而导致其前瞻记忆成绩较差。但有研究提出，年龄效应也许是由进行中任务难度水平的不同造成的（Kvavilashvili et al.，2002）。

3.3.3 进行中任务的影响

Marsh 和 Hicks（1998）的研究探索了工作记忆在前瞻记忆加工中的作用，结果表明，中央执行系统对有效地完成前瞻记忆任务至关重要。幼儿期和儿童期是工作记忆发展的重要阶段，此阶段儿童工作记忆的加工能力（Case，1995）和加工速度（Kail，1991；Hitch & Towse，1995；Miller & Vernon，1996）都随年龄的增长而提高。据此，Guajardo 和 Best（2000）认为工作记忆的发展，特别是中央执行功能的差异可能是 3 和 5 岁儿童基于事件的前瞻记忆表现不同的原因，5 岁儿童的中央执行功能发展较好，这使他们能够有效地计划和监测其表现。

为了去除天花板效应，同时平衡年龄因素，力求使各组儿童的进行中任务难度水平保持一致，王丽娟等（2006）在研究中分别增加了各组被试的刺激数目（小班儿童组为 14 个球；中班儿童组为 18 个球；大班儿童组为 22 个球）。研究旨在探索控制进行中任务的难度水平之后的中断效应，目标是进一步探索中央执行功能对前瞻记忆提取的影响和作用。研究假设中央执行功能是前瞻记忆提取的关键因素，学前儿童前瞻记忆发展的年龄效应是由注意发展水平的不同造成的。

此实验与 Wang 等（2008）研究中的实验程序的不同之处在于，所有被试都被安排在回溯记忆负载的条件下。因而，实验采取 3（年龄组：小班/中班/大班）×2（分配注意水平：中断/无中断）的被试间设计。除了进行中任务的刺激数量不同之外，其他实验材料与 Wang 等（2008）的两个实验基本相同。

对进行中任务正确率成绩的分析结果表明，研究中三组被试进行中任务的难度水平基本上保持一致，达到了控制进行中任务难度水平的目标。分析结果表明，在控制了进行中任务的难度水平之后，尽管前瞻记忆的正确率成绩的年龄效应不显著，但反应时成绩差异显著，大班儿童对前瞻记忆目标任务的反应显著快于中小班儿童的反应。反应时分析结果也表明，对于年长儿童来说，前瞻记忆任务可能是以自动加工为主，而对于年幼儿童来说则是以策略加工为主（Kvavilashvili et al.，2001）。

此外，虽然数据分析表明中断条件对前瞻记忆反应时成绩的影响不显著，但研究发现，进行中任务的反应时存在显著差异，大班儿童显著快于中班儿童。这似乎验证了先前所提出的假设，即前瞻记忆成绩的年龄效应很可能是由把注意力从进行中任务转移到前瞻记忆任务上的能力差异造成的。因而，加入中断条件之后，大班儿童在两种任务之间转换注意力的速度较快，所以其进行中任务的反应速度快于中小班儿童的反应速度。但是，也可能说明，年长儿童的记忆策略优于年幼儿童，因而大班儿童加快对进行中任务的反应，以防止回溯记忆遗忘。这有待于进一步的研究进行验证。此实验中回溯记忆成绩的年龄效应不显著，这说明，自由回忆测验的成绩与进行中任务的难度水平相关，即当平衡了记忆的物品名称个数之后，各年龄组儿童在回溯记忆成绩上的差异不显著。同时，这也再次证明了儿童回溯记忆发展的年龄效应，并且这种差别可能在于其记忆广度的不同。在平衡了进行中任务的难度水平之后，前瞻记忆与回溯记忆的相关不显著也再次验证了在较为简单的前瞻记忆任务里，或者说在对回溯成分要求较低的前瞻记忆任务中，学前儿童前瞻记忆成绩的优劣与回溯记忆相关不大，这一结果与 Kvavilashvili 等（2001）的研究结果相似。

Wang 等（2008）首次通过平衡进行中任务的难度水平来考察学前儿童前瞻记忆的发展。研究结果表明，中央执行功能是前瞻记忆提取的关键性因素，学前儿童前瞻记忆发展的年龄效应是由注意发展水平的不同造成的。此外，该研究还说明，进行中任务占用了加工资源，致使儿童的前瞻记忆成绩，尤其是年幼儿童的前瞻记忆成绩下降。这启示我们今后的研究在考察前瞻记忆加工机制的时候，同时考虑和检验伴随的进行中任务成绩是有必要的。

3.3.4　学前儿童的前瞻记忆：聚焦效应

上述实验研究的结果表明，学前儿童前瞻记忆发展受到中断任务因素的影响，并且发现中、大班儿童的前瞻记忆成绩显著好于小班儿童的成绩，年龄差异显著。但在平衡了进行中任务难度水平，并去除了中断任务之后，前瞻记忆任务的正确率成绩并未发现任何年龄效应。此外，虽然中断任务未对前瞻记忆的正确率和反应时成绩造成显著的影响，但分析结果表明，大班儿童的进行中任务的反应时显著快于中班儿童。基于资源有限理论，学前儿童的前瞻记忆发展与其神经系统的成熟有关，可以推论，额叶成熟使得大班儿童可供调配的注意资源较多，因而其加工速度快于中小班儿童。因而，王丽娟（2006）进一步通过计算机任务来验证学前儿童前瞻记忆的发展机制，探索注意在前瞻记忆加工过程中的影响和作用。

以往的研究结果表明，进行中任务的属性和特点直接影响前瞻记忆的加工机制，决定加工以控制性的还是自动化的方式进行（McDaniel & Einstein，2000）。如果前瞻记忆任务的目标线索是进行中任务加工的核心内容，我们把这种加工称为聚焦加工（Einstein & McDaniel，1990；Einstein et al.，1995，1997；McDaniel & Einstein，2000）。例如，在完成单词分类任务（进行中任务）的过程中，当看到某个特定的单词的时候，按某键（聚焦加工）（Einstein & McDaniel，1990）；当屏幕的背景颜色变成黄色时，按某键（非聚焦加工）。Einstein 和 McDaniel 的研究表明，聚焦加工提高了老年被试的前瞻记忆成绩（Einstein et al.，1995，1997），并据此推论，聚焦加工使前瞻记忆可能以自动加工的方式进行，而非聚焦加工则需要被试监测目标线索的出现，需要被试不断地把注意力从进行中任务转向对前瞻记忆任务目标线索的监测上来，因而需要注意资源的控制加工。王丽娟（2006）旨在通过聚焦线索来直接调配注意资源，进一步研究注意机制对前瞻记忆的影响和作用。

实验程序用 Presentation 软件编写，实验材料呈现在计算机的屏幕上，要求被试通过简单的按键反应来完成实验任务。实验选取了 8 个常见的图形（菱形、正方形、三角形、圆形、十字形、旗形、心形和五角星形）。实验中，图形分别随机呈现在计算机屏幕的 8 个方位（东、南、西、北、东南、西南、西北、东北）上。进行中任务分为 12 个阶段，每个阶段包含 10 组刺激，前后两组刺激的图形一致，但方位可能不同。进行中任务是确认图形的方位是否与前一个图形的方位一致。如果方位一致，按键盘上的"绿色"（V）键；如果不一致，按"红色"（N）键。前瞻记忆任务（被镶嵌在进行中任务里）是当看到目标刺激出现在计算机屏幕上时，按"白色"（空格）键。在聚焦条件下，前瞻记忆任务的目标线索为一个具体的图形"#"；在非聚焦条件下，前瞻记忆任务的目标线索为计算机屏幕的背景式样——黄色背景（每个阶段包含 10 组刺激，共有 5 种背景颜色——蓝色、红色、绿色、紫色和黄色，前后两组背景的颜色一致，实验中背景颜色的呈现是随机的）。

实验采取 3（年龄组：小班/中班/大班）×2（聚焦水平：聚焦/非聚焦）的被试间设计。实验分为两个阶段（练习阶段和正式实验阶段）进行。在练习阶段中，主要有两个目标：一是使被试学会进行中任务的操作；二是为了平衡进行中任务的难度水平。实验程序会根据被试在练习阶段反应的正确率来确定正式实验阶段进行中任务的难度水平，即屏幕上每次呈现的图形刺激的数量。练习阶段根据被试的要求和完成情况（以被试完全理解了进行中任务的操作为标准）持续一个或两个阶段。之后，呈现前瞻记忆任务指导语。考虑到学前儿童被试的理解能力，主试在交代指导语的过程中，辅之以图片讲解，以保证儿童能够完全理解实验任务的操作过程。在确认被试完全理解了指导语之后，即进入正式实验阶段。正式实验分为 12 个小阶段。目标刺激分别出现在第 4 个、8 个和 12 个阶段中。在连接每个阶段的空隙时间里，主试根据被试的情况（如疲劳、不断地眨眼睛等）或要求安排适当的休息。另外，亦可根据被试的操作情况（如进行中任务的错误率达到一定程度）和要求（如希望退出实验）终止实验的进行。

此研究采用了计算机任务探索 3～5 岁年龄阶段儿童前瞻记忆发展的实验研究，但是小班儿童几乎无法完成实验任务。相对于前面三个现场实验研究方法，对于学前儿童来说，计算机任务的难度要大。中、大班儿童能较好地完成该任务，小班儿童则不能。这说明，3 岁和 4～5 岁儿童之间确实在认知加工能力方面存在着明显的差距。有研究表明，这个年龄阶段正是中央执行功能快速发展的时期（Alloway et al.，2004）。对前瞻记忆正确率和反应时数据的分析表明，中、大班儿童前瞻记忆成绩无差别。

实验结果表明，聚焦线索的主效应不显著，说明聚焦线索并没有提高两组被试的前瞻记忆提取成绩，也并没有使组间差异显著。但数据分析显示，虽然聚焦线索对前瞻记忆提取的正确率无影响，但使被试的提取速度明显加快。这表明聚焦线索对学前儿童前瞻记忆加工还是有明确而具体的影响的，处于当前活动的核心加工内容中的前瞻记忆目标更有利于任务的完成。进行中任务正确率和反应时的数据分析表明，大班儿童进行中任务的成绩显著好于中班儿童的成绩，这说明，实验程序在实验的练习阶段平衡进行中任务难度的灵敏度上还存在问题。今后研究应进一步探索和完善这一方法。

此外，实验结果再次说明了前瞻记忆任务与进行中任务的关系在前瞻记忆研究中的重要性。这对今后前瞻记忆研究的设计是一个很重要的启示，也再次印证了 Kvavilashvili 等（2008）的观点，即在考察前瞻记忆加工机制和发展研究的实验设计里，鉴于前瞻记忆与注意资源的密切相关性，必须考虑平衡进行中任务的难度水平。否则，被试在前瞻记忆能力上表现的年龄效应很可能不是前瞻记忆能力本身的差异，而是由完成进行中任务能力的不同而造成的。

3.3.5　进行中任务吸引力的影响

进行中任务的变化会影响儿童的年龄效应。但以往研究多关注进行中任务难度对学前儿童前瞻记忆的影响，很少有研究关注进行中任务吸引力对学前儿童前瞻记忆的影响。前瞻记忆的双重加工理论认为，被试可能会依据前瞻记忆任务、进行中任务的特点或者个体的特点等来决定采取注意监控或是自发提取的加工方式。前瞻记忆任务的重要性、靶线索的特点、靶线索和意向行为之间的关系、进行中任务的性质和个体差异等都会影响个体对前瞻记忆意向的提取（McDainel & Einstein，2000）。其中，进行中任务的吸引力可能会直接影响前瞻记忆的成功与否。当儿童完成更加有吸引力的进行中任务时，可能会有很少的认知资源用于前瞻记忆的提取（McDaniel & Einstein，2000）。具体来说，改变进行中任务的吸引力可以有效地观察儿童的注意加工过程。如果更多的注意资源被进行中任务吸引，则用于前瞻记忆任务的资源会很少。学前儿童的注意资源是有限的，不同的进行中任务吸引力可能会影响儿童的前瞻记忆成绩，因此，具有高吸引力的进行中任务可能导致前瞻记忆成绩的下降。从发展的角度来看，年幼儿童比年长儿童的认知资源更有限，在执行高吸引力的进行中任务时，发展性的差异应当是显著的。这样，前瞻记忆的表现，特别是发展性差异可能会依赖于进行中任务的属性。

进行中任务活动可以是吸引力的变化，也可以是任务的执行方式，或者是所需要的认知资源等（McDaniel & Einstein，2000）。如前所述，进行中任务难度会影响前瞻记忆的表现。Kliegel 等（2013）的研究直接指出，学龄儿童在完成较简单的进行中任务时会有更好的前瞻记忆表现。但是，Mahy 等（2014）的研究却没有发现进行中任务难度会影响前瞻记忆成绩。这种不一致的结果可能是由进行中任务的吸引力不同导致的。有很多方面会影响吸引力的水平，包括进行中任务本身、进行中任务的呈现速度、个体兴趣爱好以及个体的心理状态等（McDaniel & Einstein，2000）。以往一些研究使用较低吸引力的任务，要求被试命名卡片上的物体（Ford et al.，2012；Kliegel & Jäger，2007；Kvavilashvili & Ford，2014；Kvavilashvili et al.，2001；Mahy & Moses，2011，2015），类似地，还有的研究采用电脑呈现这些图片（Cheie et al.，2014；Guarjardo & Best，2000）。这两种进行中任务的呈现方式的吸引力可能会比较低。相反，有的研究采用情景游戏作为进行中任务（Kliegel et al.，2010；Meacham & Dumitru，1975；Nigro et al.，2014；Ślusarczyk & Niedźwieńska，2013；Somerville et al.，1983；Walsh et al.，2014；Wang et al.，2008）。在这种方式中，研究者以故事或情景游戏的形式让儿童更大程度地卷入前瞻记忆测试中。这种不一致的进行中任务方式不仅会使不同研究的研究结果很难进行比较，而且还会影响年龄效应的出现，在很多高吸引力任务（情景游戏）中，被试会将更多的注意资源集中于进行中任务。年幼儿童有限的注意资源使其前瞻记忆成绩比年长儿童的更差，这样，年龄效应就出现了。而相对地，如果注意资源较少地集中于进行中任务，如在低吸引力的进行中任务中（电脑或卡片呈现时），年龄效应可能会很小或不存在。因此，探讨进行中任务的吸引力对学前儿童前瞻记忆的影响是必要的。

Ballhausen 等（2019）通过操纵进行中任务的吸引力探讨了其对学前儿童前瞻记忆的影响。他们采用 2（年龄：3 岁/5 岁）×2（进行中任务吸引力：高吸引力的情景任务/低吸引力的电脑命名任务）的被试间设计，要求被试在两种进行中任务形式中对卡片进行命名。具体来说，高吸引力的情景任务是将 23 张卡片放置在 5×5 的方格中（空两格），让被试双腿跳到方格内，掀开卡片，并对上面的物体进行命名。低吸引力的电脑命名任务则只是在电脑上呈现卡片，让被试坐在电脑前对所呈现的物体进行命名。前瞻记忆任务都是当被试看到"房子"卡片时，停止命名而口头报告"找到了"。结果发现，5 岁儿童的前瞻记忆成绩好于 3 岁儿童的前瞻记忆成绩，存在发展差异。进行中任务的吸引力水平影响儿童进行中任务的表现，并且高吸引力进行中任务会对 3 岁儿童的前瞻记忆成绩产生影响，而不会影响 5 岁儿童的前瞻记忆成绩。这说明 3 岁儿童的认知资源还是有限的，对于 3 岁儿童来说，在高吸引力任务中完成前瞻记忆任务比较困难。但是，该研究没有发现年龄与进行中任务吸引力的交互作用。效力值检验结果说明，该结果的出现可能是由被试较少造成的。因此，以后的研究可以对此进行重复验证或进一步探讨。

3.3.6　学前儿童的前瞻记忆：重要他人效应

回顾以往研究可以发现，2～12 岁儿童的前瞻记忆能力发展随着年龄的增长呈现一个上升的轨迹，年幼儿童执行前瞻记忆任务的成绩较差，年长儿童则成绩较好。然而聚焦到具体研究，还存在小的分歧。尽管很多研究表明 5 岁儿童的前瞻记忆要好于 3 岁儿童的前瞻记忆（Guajardo & Best，2000；Kliegel & Jäger，2007；Mahy et al.，2014），但是有的研究没有发现这种差异（Kliegel et al.，2010；Somerville et al.，1983；Walsh et al.，2014b）。究其原因可能是任务指导者的身份不同所导致的。

分析以往的文献发现，主张存在年龄差异的研究所使用的主试都是由实验者担当的（Cheie et al.，2014；Mahy & Moses，2011；Mahy et al.，2014；Ślusarczyk & Niedźwieńska，2013）。对于儿童来说，这些主试都是陌生人，这与真实的日常生活是相反的。在日常生活中，给学前儿童布置前瞻记忆任务的人员基本上都是儿童熟悉的人，如父母、教师或同伴等。这样，使用陌生人作为主试可能会减少儿童的任务动机以及增加其对任务产生的焦虑。显然，这有悖于研究的生态效度问题。Somerville 等（1983）最先关注了这个问题，他们在研究中招募被试的照看者作为主试，对 2～4 岁儿童的前瞻记忆能力进行了测试，结果未发现前瞻记忆的年龄效应。而在 Kliegel 和 Jäger（2007）与 Ślusarczyk 和 Niedźwieńska（2013）的研究中，被试也包含了 2～4 岁的儿童，但研究采用实验者作为主试，结果发现 4 岁儿童的前瞻记忆成绩显著好于 2 岁儿童的成绩。因此，是否由主试身份的不同而造成了研究结果上的差异是一个值得进行进一步探究的问题。

重要他人是指对个体自我发展（尤其是儿童时期）有重要影响的人和群体，即对个人智力、语言及思维方式的发展和行为习惯、生活方式及价值观的形成有重要影响的父母、教师、受崇拜的人物及同辈群体等（袁正守，1992；Andersen & Chen，2002；Andersen & Cole，1990；Brookover et al.，1964）。重要他人影响着个体的生活和认知，并且实验心理学家开始研究其对自我感知能力、认知能力以及记忆能力的影响。关系图式的社会心理学理论认为，个体与他人之间的相互作用会激活重要他人表征（Andersen & Cole，1990；Baldwin，1992；Planalp，1987）。重要他人表征被认为是一种认知结构，是与重要他人（父母或亲密的朋友）、自我（与重要他人相联系的自我）和人际脚本（典型的重要他人和自我之间的交互模式）相联系的认知结构（Andersen & Chen，2002；Baldwin，1992；Chen et al.，2007）。实际上，它与个体的某些自我属性相联系，如个体的价值观、情感、行为、自我评估以及目标等，并影响着这些自我属性（Andersen & Chen，2002；Baldwin，1992；Chen & Andersen，1999；Chen et al.，2007）。例如，当重要他人表征被激活时，个体更倾向于接受重要他人所持有的期望、目标和标准（Baldwin & Holmes，1987；Skorinko et al.，2012）。具体来说，Horberg 和 Chen（2010）发现，如果让被试的配偶评估事业成功的价值，那么被试更倾向于将事业成功看作是评价自身的一种重要条件，说明配偶的重要他人表征被激活了，这种表征影响着他们的自我觉知。探讨重要他人对认知的影响时，Fitzsimons 和 Bargh（2003）的研究发现，在言语任务中，那些想让母亲为自己感到更自豪的被试的成绩更好。Shah（2003）也同样发现，在被试的父亲表征被激活之后，被试可以更快地进行词汇判断任务。研究重要他人表征本身的特点时，Andersen 和 Cole（1990）发现被试对重要他人表征的提取反应时更短，与非重要他人表征相比，重要他人表征会更具体以及更具有区别性。综上可以看出，实验指导者的身份（是否为重要他人）对前瞻记忆的影响应该是值得研究的。

Zhang 等（2017）采取 2（年龄：3 岁/5 岁）×2（主试身份：实验者/重要他人）的被试间设计，探究了重要他人对 3 岁和 5 岁学前儿童前瞻记忆的影响。该研究采用卡片命名任务，进行中任务要求被试对 20 张卡片进行命名，前瞻记忆任务是当被试看到"房子"卡片时，停止命名而口头报告"找到了"。该研究平衡了进行中任务的难度，3 岁儿童和 5 岁儿童的进行中任务难度相当。具体来说，主试拿着一个小木偶，以讲故事的形式引导被试卷入实验中来。待被试理解进行中任务指导语之后，进入进行中任务练习阶段（命名 10 张卡片），直到被试能熟练地掌握进行中任务。之后，主试告诉被试前瞻记忆任务指导语，即当看到房子（目标线索）时，口头报告"找到了"。确认被试明白前瞻记忆指导语之后，插入干扰任务（让被试在 A4 纸上涂鸦，持续 2 分钟），然后进入正式实验阶段。实验结束后，询问被试对前瞻记忆任务指导语的记忆情况。

该研究结果表明，重要他人条件下的前瞻记忆成绩要好于实验者条件下的成绩，重要他人可以提高学前儿童的前瞻记忆成绩。但是 3 岁儿童在重要他人条件下的前瞻记忆成绩仍旧差于 5 岁儿童在实验者条件下的前瞻记忆成绩，说明学前儿童阶段的前瞻记忆存在一个内在的真实发展差异。并且该研究在方法上证实，以往研究在前瞻记忆较低水平上采用实验者作为主试来研究前瞻记忆的年龄效应是可行的。但是该研究只关注了教师作为重要他人的案例，而在实际的日常生活中，父母或教养者对儿童的影响也会比较大，以后的研究还可以关注儿童的其他重要他人对其产生的影响，从而为儿童前瞻记忆的培养提供有效可行的方案。

除了上述几个主要的影响因素以外，研究者还关注了一些其他因素，诸如动机、情绪等对学前儿童前瞻记忆的影响。例如，Somerville 等（1983）要求被试在短时或长时延迟条件下执行一个特殊的动作。这个动作既可以是被试感兴趣程度比较高的（如在商店里买糖果），也可以是其感兴趣程度比较低的（如把洗好的衣服拿回来）。该研究结果表明，高兴趣组儿童的前瞻记忆成绩更高。Guajardo 和 Best（2000）研究奖励是否可以诱发高动机对前瞻记忆产生影响，但最后结果没有发现奖励的作用。Kliegel 等（2010）的研究虽然没有直接发现动机的主效应，但是发现动机和年龄存在交互作用，即低动机条件下，3 岁儿童的前瞻记忆成绩明显低于 5 岁儿童的成绩。Ślusarczyk 和 Niedźwieńska（2013）则直接发现动机的主效应，低动机组的前瞻记忆成绩要低于高动机组的成绩。关于情绪对前瞻记忆影响的研究，针对成人的研究比较多，而针对学前儿童的研究仅有一篇。Cheie 等（2014）在研究中让被试父母使用斯宾塞学前儿童焦虑量表（Spence et al., 2001）对儿童的情绪进行评估，研究情绪对儿童前瞻记忆的影响，结果显示焦虑会损害儿童被试的前瞻记忆成绩。

3.4

本 章 小 结

如前所述，学前儿童基于事件的前瞻记忆研究基本上采用双任务范式寻求适合学前儿童的测验方式。但是，在进行中任务材料的选择上，还要注意认知负载的平衡。Kvavilashvili 等（2008）提出，在进行前瞻记忆研究，尤其是进行儿童前瞻记忆研究的时候，最好能够平衡不同年龄组被试进行中任务的难度水平。并且 Kvavilashvili 等指出，以往儿童前瞻记忆发展研究中得出的年龄效应很可能是由进行中任务的难度水平不同而造成的（Kvavilashvili et al., 2002, 2008）。因此，在今后的研究中，尤其是针对儿童的研究要平衡进行中任务的难度和时间。

从理论角度看，学前儿童前瞻记忆的年龄效应与抑制控制在提取前瞻意向上起主要作用的观点一致（Ellis, 1996b; Kliegel et al., 2002）。研究表明，学前儿童的抑制控制能力正处于发展期（Dowsett & Livesey, 2000），额叶髓鞘化的阶段性突破发育期发生在学前和早期学龄阶段，髓鞘化使额叶和注意系统的抑制过程，如反应抑制和对进行中任务加工过程的抑制能力提高（Paus et al.，2001；Romine & Reynolds，2005）。年长儿童执行前瞻记忆任务而抑制进行中任务的能力会比年幼儿童强。

对于学前儿童前瞻记忆年龄效应的研究结果并不一致，还有待于进行更进一步的研究和证实。今后的研究可以考虑拓宽被试的年龄范围，同时应注意使用不同的实验任务来验证同一年龄段内被试前瞻记忆的发展特点和规律。

基于上述研究，可以给学前儿童的抚育者一些有益的启示。例如，在给儿童提出前瞻记忆的目标任务时要明确具体；尽量安排儿童在一项活动进行完之后再从事另一项活动；要引导儿童善于使用线索等前瞻记忆策略的辅助等。

第 4 章

学龄儿童的前瞻记忆：
得到提升了？

在日常生活中，学龄儿童前瞻记忆提取失败的现象常有发生，如上学时忘记带某本书、忘记去社团开会或者在返校日忘记返校等（Ellis & Freeman，2008；Terry，1988）。因此，学龄儿童前瞻记忆能力的发展趋势，以及他们何时能够运用有效的策略来避免前瞻记忆提取失败等问题引起了研究者的关注。

相对于其他年龄段前瞻记忆发展的研究情况而言，学龄儿童前瞻记忆发展趋势的研究数量并不多。其原因可能是学龄儿童前瞻记忆的研究在实验方法上很难设计出既能有效避免天花板效应，又能敏感地测量出学龄儿童前瞻记忆发展细微变化的实验范式（Kvavilashvili et al.，2008）。因此，该年龄段的研究仍然比较零散，不成体系。

但是，关注学龄儿童前瞻记忆能力的发展研究又具有十分重要的意义。首先，在理论上，一方面，可以通过描绘学龄儿童前瞻记忆的发展曲线了解学龄儿童前瞻记忆发展的特点；另一方面，又可以从前瞻记忆发展的视角进一步探究学龄儿童前瞻记忆的内在加工机制。其次，在实际应用方面，一方面，可以根据学龄儿童前瞻记忆发展曲线给儿童布置前瞻记忆任务；另一方面，又可以帮助儿童找到提高其前瞻记忆能力的最佳策略，进而提升学龄儿童的学习和生活质量。

4.1

学龄儿童前瞻记忆的研究方法

4.1.1 自然法

在 Einstein 和 McDaniel（1990）提出前瞻记忆研究的双任务实验范式之前，仅有几篇研究报告采用设置自然情景对学龄儿童的前瞻记忆发展进行了研究（Somerville et al.，1983；Ceci & Bronfenbrenner，1985；Guajardo & Best，2000；Kliegel & Jäger，2007；Ślusarczyk & Niedźwieńska，2013）。虽然自然法具有较高的生态效度，但也正因如此，研究者对整个研究过程的控制度降低。自然法会受到诸如前瞻记忆的进行中任务难度、材料的意义性以及目标线索的凸显性等因素的影响，因而后来的研究者较少使用该方法。

4.1.2 实验室范式的修订

由于儿童的理解力尚不成熟，无法像成人一样理解实验的科研价值，加之实验本身也不能充分激发他们完成实验的兴趣和动机，所以，在对学龄儿童进行前瞻记忆的研究时，很难让他们将注意力长时间维持在进行中任务和前瞻记忆任务上。因此，为了使双任务实验范式更适合学龄儿童，研究者便从指导语形式和任务进程两方面对研究范式进行了修订。

首先，在指导语形式方面，研究者采用游戏的形式介绍进行中任务和前瞻记忆任务，以增加儿童参加实验的动机。例如，研究者或以小木偶的眼睛看不到为由，让儿童帮助其命名图片（进行中任务）；或以小木偶害怕动物为由，让儿童看到动物图片（前瞻记忆任务）后将其藏在背后（Kvavilashvili et al.，2001）。

其次，在任务进程方面，研究者将进行中任务分为多个组块，使前瞻记忆目标线索被嵌入这些组块中，并在每一个或者两个组块中插入一个短暂的休息阶段（如画一个鼹鼠）（Kvavilashvili et al.，2001），这样就保证了儿童不会因进行中任务持续时间过长而失去耐心和兴趣。由于不同年龄的儿童将注意力维持在进行中任务上的时间不同，有研究者修改了不同年龄儿童进行中任务组块的长度，如 5 岁、7 岁和 9 岁儿童进行中任务组块的长度分别为 15 个、20 个和 25 个（Kvavilashvili et al.，2002）。

4.1.3　情境模拟法

修订后的双任务实验范式考虑了学龄儿童的年龄特点，能够防止学龄儿童因进行中任务过长而产生疲劳或厌倦之感，且指导语的新颖性能够极大地提高学龄儿童参与实验的动机和兴趣。但该方法面临着生态效度较低这一问题。因此，一些研究者设计出以玩游戏（Kerns，2000）、观看视频（Mäntylä et al.，2007）以及模拟日常活动（Yang et al.，2011）为进行中任务的情境模拟实验。这种方式使得研究者对变量的控制更为自然，并且同样能够吸引学龄儿童的兴趣，从而使日常生活范式控制度较低、实验室范式缺乏生态效度这两个问题得到解决。然而，基于事件的前瞻记忆和基于时间的前瞻记忆研究中所采用的情境模拟法却有所不同。

1. 基于事件的前瞻记忆采用的情境模拟法

根据学龄儿童的年龄特点，研究者设计了一些既有趣又较为复杂的、在计算机上运行的虚拟情景任务。其中有两个任务比较典型：一个是"钓鱼游戏"任务（Yang et al.，2011）；另一个是"虚拟一周"任务（Rendell & Craik，2000）。

"钓鱼游戏"描述了儿童在湖边参加钓鱼比赛的情景，进行中任务是看谁钓的鱼更多，前瞻记忆任务是当看到中等大小且带着布条的鱼时，记得用鼠标点击小船上的小猫；"虚拟一周"则用游戏面板上众多方格描述了儿童一周的活动（在编制虚拟的一周时，设计者采访了 7～12 岁儿童一周的活动，使得方格中的活动安排更接近儿童的生活习惯），儿童的主要任务是通过掷骰子获得点数后，沿着游戏面板上代表一天中时间的方格前进，在前进到特定时间时，儿童需记得执行已布置好的前瞻记忆任务。

2. 基于时间的前瞻记忆采用的情境模拟法

有两种针对学龄儿童基于时间的前瞻记忆任务类型受到了研究者的广泛认可：一个是 Kerns（2000）设计的命名为"电脑巡游者"的计算机游戏程序；另一个则是 Mäntylä 等（2007）提出的"观看加菲猫动画片"的活动任务。

"电脑巡游者"游戏以儿童沿着公路开动一辆汽车，并且不能撞到其他车辆为进行中任务，以控制好汽油的量为前瞻记忆任务，但只有当油缸中仅剩 1/4 或更少的油量（大于零）时，被试才可加油。"观看加菲猫动画片"任务要求被试在观看加菲猫动画片（进行中任务）的同时，每隔 5 分钟进行按键反应（前瞻记忆任务），并记录儿童在观看动画片期间，随时按绿色按钮以检测时钟的频率。相比于"电脑巡洋舰"游戏，"观看加菲猫动画片"任务弥补了前者并未检测儿童查看提示线索（如汽油量）频率的缺陷。这两种实验范式均得到了较大范围的应用，有力地促进了学龄儿童基于时间的前瞻记忆领域的研究发展。

虽然学龄儿童前瞻记忆研究方法的发展经历了自然法、实验室范式和情境模拟法三个阶段。但如前所述，关于学龄儿童前瞻记忆领域的研究数量并不多，而上述三种方法却都有使用，再加上研究者使用不同的进行中任务和前瞻记忆任务，使得学龄儿童前瞻记忆研究的方法各不相同，这是否是学龄儿童前瞻记忆研究结果不一致的原因仍需进行进一步检验。

4.2

学龄儿童前瞻记忆能力的发展

研究者认为，前瞻记忆在儿童 2 岁时就开始发生（Kliegel & Jäger，2007），并在随后得到迅速发展（Kvavilashvili et al.，2001；Wang et al.，2008）。但是，

学龄儿童前瞻记忆的具体发展趋势尚不清晰。

4.2.1　学龄儿童基于事件的前瞻记忆能力的发展

对学龄儿童基于事件的前瞻记忆的研究尚未得出一致结论。一部分研究并未发现学龄儿童基于事件的前瞻记忆存在年龄效应。例如，Kvavilashvili 等（2002）的研究表明，7 岁儿童的前瞻记忆成绩和 9 岁儿童的前瞻记忆成绩不存在显著差异；Nigro 等（2002）的研究结果也显示，7～11 岁儿童基于事件的前瞻记忆能力并没有出现年龄效应；Kvavilashvili 等（2008）也认为，7～12 岁儿童的前瞻记忆能力发展是非常缓慢的。

而另一部分研究却发现，学龄儿童基于事件的前瞻记忆存在显著的年龄效应。例如，Passolunghi 等（1995）研究发现，在识记前瞻记忆任务时采用操作反应（即在学习前瞻记忆任务时，就执行和正式实验时一样的按键反应）这一编码形式，10～11 岁儿童的前瞻记忆成绩显著好于 7～8 岁儿童的成绩。同样，对 5 岁、8 岁、11 岁儿童（Rendell et al., 2009），7 岁、10 岁儿童和成年被试（Smith et al., 2010）以及 7～12 岁儿童（Yang et al., 2011）基于事件的前瞻记忆的研究均发现了显著的年龄效应。Kliegel 等（2013）也认为，9～10 岁儿童的前瞻记忆能力优于 6～7 岁儿童。

上述复杂的研究结果可能是由任务设置不同导致的，这些任务在多个维度上又有所不同，而这些不同的维度对学龄儿童前瞻记忆的表现有着至关重要的影响。因此，可能是任务设置影响了学龄儿童前瞻记忆年龄效应曲线的绘制。如何从分析各研究所得矛盾结论的角度入手，找到分歧存在的原因，从而进一步明晰学龄儿童基于事件的前瞻记忆的发展轨迹是目前该领域研究的重要问题之一。

4.2.2　学龄儿童基于时间的前瞻记忆能力的发展

与基于事件的前瞻记忆任务相比，基于时间的前瞻记忆的线索更加隐蔽，需要更多的自我启动，对时间线索的监测在大多数基于时间的前瞻记忆任务中也是至关重要的。目前，学龄儿童基于时间的前瞻记忆的研究主要集中在发展趋势和时间监控（如何监测时间以便在适当的时刻执行前瞻记忆任务）两方面，且多采取现场情境模拟法进行研究（Meacham & Singer，1977；Meacham & Leiman，1982；Wilkins，1986）。

在发展趋势方面，Ceci 和 Bronfenbrenner（1985）对 10 岁和 14 岁儿童在两种情景下（熟悉环境—家中、陌生环境—实验室）的基于时间的前瞻记忆进行了开创性研究。该研究发现无论在熟悉环境还是在陌生环境，10 岁和 14 岁儿童基于时间的前瞻记忆成绩均无显著年龄差异，且前瞻记忆的正确率出现了天花板效应。这很可能与实验设置了单一的前瞻记忆任务有关。同样，Nigro 等（2002）的研究也未发现 7～11 岁儿童基于时间的前瞻记忆存在显著的年龄差异。

但是，另一些研究发现学龄儿童基于时间的前瞻记忆存在显著的年龄差异。例如，Kerns（2000）发现，7～12 岁儿童基于时间的前瞻记忆成绩随着年龄的增长而逐渐提高；随后，Aberle 和 Kliegel（2010）研究了 62 个月（5.17 岁）～87 个月（7.25 岁）儿童基于时间的前瞻记忆能力发展，也发现存在显著的年龄差异。Voigt 等（2011）对比了 9.6 岁与 7.2 岁儿童基于时间的前瞻记忆差异，研究结果也发现了显著的年龄效应。近期，Kretschmer 等（2014）对学前儿童（5.75 岁）和学龄儿童（7.83 岁）基于时间的前瞻记忆进行了考察，同样发现儿童基于时间的前瞻记忆能力从学前期到学龄期会有一个较大的提升。并且这种年龄效应的存在已被许多其他研究所证实（Mäntylä et al.，2007；Mackinlay et al.，2009）。

在时间监控方面，起初有研究对时间监测数据进行分析发现，10 岁和 14 岁学龄儿童对时间的监测频率均呈 U 型曲线（Ceci & Bronfenbrenner，1985）。但是，后来有研究发现，无论是年幼学龄儿童还是年长学龄儿童对时间监测的频率均呈 J 型曲线（Kerns，2000）。随后，两项分别针对 8～12 岁儿童（Mäntylä et al.，2007）和 7～12 岁儿童（Mackinlay et al.，2009）对时间的监测的研究均证实了 Kerns 的研究结论，即儿童对时间的监测频率都呈现出起初很少、而后迅速增加的变化趋势。虽然现有研究得到的时间监控数据曲线不同，但均发现在目标将要到达的后期，儿童增加了时间监测的频率。

综上所述，现有关于学龄儿童基于事件和基于时间的前瞻记忆能力发展研究的结论仍不统一，学龄儿童前瞻记忆的发展轨迹尚不清晰。这些研究结论不同的原因很可能是由进行中任务的性质、线索的特点以及其他无关变量的干扰所致。

4.3

学龄儿童前瞻记忆发展的影响因素

目前，已有研究主要从三个方面对影响学龄儿童前瞻记忆发展的因素进行了分析：一是从双任务范式本身的角度考察；二是相关因素对基于事件的前瞻记忆影响的实证探讨；三是相关因素对基于时间的前瞻记忆影响的实证探讨。

4.3.1　双任务范式角度

有学者认为，进行中任务的性质，如难度，很可能是造成学龄儿童前瞻记忆发展轨迹存在分歧的原因（Kvavilashvili et al.，2008）。以学龄儿童基于事件的前瞻记忆方面的研究为例，深入分析后可知，进行中任务难度控制与否及其控制水平都会影响相关研究对学龄儿童前瞻记忆发展轨迹的解释。如在 Nigro 等（2002）的研究中，进行中任务为解决一系列简单问题（如数学运算和拼图游戏）。进行中任务难度控制方法为变化数学运算的复杂度和拼图的数量，结果并未发现 7～11 岁儿童基于事件的前瞻记忆成绩存在年龄差异。但此研究未对被试的进行中任务成绩进行报告，所以其进行中任务难度水平控制的效果不得而知。Shum 等（2008）的研究对进行中任务难度进行了控制，即 8～9 岁、12～13 岁儿童的阅读故事（进行中任务）需要儿童分别具有 1 年和 5 年的阅读经验，结果表明年长儿童基于事件的前瞻记忆成绩显著优于年幼儿童。但此研究中，两组被试的进行中任务成绩均出现了天花板效应，降低了其研究结果的效度。Kvavilashvili 等（2002）的研究通过控制进行中任务持续时间的长短（7岁组进行中任务长度为20张图片；9岁组进行中任务长度为25张图片）来控制进行中任务的难度水平，结果未发现7岁与9岁儿童基于事件的前瞻记忆成绩存在年龄差异。

除此之外，Kliegel 等（2013）深入探讨了进行中任务的投入、线索突显性以及线索的聚焦性（即线索出现在注意的中心还是注意之外）对6～7岁和9～10岁儿童前瞻记忆成绩的影响。研究设计的三个实验均采用"驾驶游戏"这一情境模拟法测量儿童的前瞻记忆表现，进行中任务是在道路上驾驶车辆而不撞到其他车辆；前瞻记忆任务则是记住在汽油用完之前加油。其中，进行中任务低投入组是在驾驶过程中每分钟出现15台其他车辆，而进行中任务高投入是每分钟出现35台其他车辆。研究发现，进行中任务低投入组儿童的前瞻记忆成绩显著高于进行中任务高投入组的成绩，而且年长儿童（9～10岁）的前瞻记忆表现也显著好于年幼儿童（6～7岁），这说明进行中任务的投入程度影响了儿童前瞻记忆的表现，以至于进行中任务低投入组儿童有更好的前瞻记忆表现。另外，杨红玲（2011）考察了前瞻记忆任务的重要性对学龄儿童（7～13岁）的不同类型前瞻记忆表现的影响，结果发现学龄儿童的前瞻记忆任务存在重要性效应，并且在强调任务重要性条件下，儿童基于事件的前瞻记忆表现好于基于时间的前瞻记忆表现。由此可知，进行中任务及前瞻记忆任务的性质都会影响学龄儿童前瞻记忆能力的发展。

4.3.2　相关因素对基于事件的前瞻记忆影响的实证探讨

1. 编码方式与物体呈现

Passolunghi 和 Brandimonte（1995）率先关注了动作编码对前瞻记忆的影响。研究者对比了7～8岁和10～11岁儿童在三种编码条件（动作编码/语词编码/视觉编码）下基于事件的前瞻记忆的成绩，结果发现7～8岁儿童前瞻记忆成绩得益于视觉编码，而10～11岁儿童的前瞻记忆成绩得益于动作编码。但是，随后 Schaefer 等（1998）对大学生被试的研究发现，编码时对靶线索进行动作操作非但不能提高被试基于事件的前瞻记忆的成绩，反而会降低被试的成绩。另有研究则发现，无论是年轻被试，还是老年被试，编码时对靶线索进行动作操作都能提高其前瞻记忆成绩（Pereira et al., 2012a, 2012b）。因此，编码时操作靶线索对前瞻记忆是否有积极的促进作用，还有待于进一步验证和分析。

另外，上述 Schaefer 等（1998）与 Pereira 等（2012b）的研究结论的不一致可能还与学习阶段有无实体物体的呈现有关。在学习前瞻记忆靶线索时，Schaefer 等在语词和操作条件下均呈现实体物体，未发现操作靶线索对前瞻记忆成绩的促进作用；而 Pereira 等在语词和操作条件下并未呈现相应的实体物体，而是引导被试假装操作，结果发现操作靶线索能够提高其前瞻记忆成绩。因此，有理由相信可能是物体呈现方式因素影响了操作效应。然而，这两项研究均未对此变量加以探讨。

一些研究考察了编码方式和有无物体呈现对成人回溯记忆的影响。研究发现物体呈现确实影响了操作效应（Engelkamp & Zimmer, 1997）。另一个研究同时关注了编码方式和有无物体呈现对 6 岁和 8 岁儿童回溯记忆的影响，结果发现有无物体呈现对 6 岁和 8 岁儿童操作效应的影响不同。对于 8 岁儿童来说，无论有无物体呈现，操作条件下的记忆效果都显著好于语词条件下的记忆效果；而对于 6 岁儿童来说，则只有在物体呈现条件下，才发现操作条件下的记忆效果好于语词条件下的记忆效果（Mecklenbräuker et al., 2011）。

Schaefer 等（1998）的研究结果表明，物体呈现条件下，是否使用操作编码并不影响成年被试基于事件的前瞻记忆成绩。也就是说，在物体呈现条件下，成年被试可以很好地完成基于事件的前瞻记忆任务。但是，有无物体呈现对学龄儿童前瞻记忆的影响不得而知。基于此，Li 和 Wang（2015）招募了 192 名被试，采用 3（年龄：7 岁/8 岁/9 岁）×2（前瞻记忆编码方式：操作编码/言语编码）×2（有无物体呈现：呈现/不呈现）的被试间设计，探究了 7～9 岁学龄儿童基于事件的前瞻记忆的发展状况以及靶线索的不同编码方式和有无物体呈现对其前瞻记忆的影响。实验结果表明，8 岁和 9 岁儿童的前瞻记忆成绩显著好于 7 岁儿童的成绩。此外，编码方式与有无物体呈现均会影响学龄儿童前瞻记忆成绩，即物体呈现只能提高 7 岁儿童的前瞻记忆成绩，而动作编码能够提高 8～9

岁儿童的前瞻记忆成绩。操作编码可以提高前瞻记忆成绩很可能是因为操作为靶线索提供了良好的编码方式，进而有利于提取时的激活。而 7 岁儿童学习靶线索词时，物体呈现所带来的信息的丰富性和具体性能够将此年龄段儿童的注意力牢牢地吸引在进行中任务上，从而防止了 7 岁儿童由于年龄过小而注意力易转移现象的出现，使得他们能够对靶线索词进行良好地编码，从而弥补了与 8 岁、9 岁儿童前瞻记忆成绩的差距。但对于 8 岁和 9 岁儿童而言，他们在学习和记忆时已不依赖于物体的呈现，而是依赖于操作，操作所伴随的自我卷入状态能保证他们对靶线索进行良好的编码（Kormi-Nouri，1995）。因此，该实验中前瞻记忆编码方式对前瞻记忆影响的结果可以为后续研究拓展方向。

2. 认知方式与线索提示

认知方式是指个体在感知、记忆、思维和问题解决过程中所偏爱的、习惯化了的态度和方式。一般将其分为场独立和场依存两种类型（Sternberg et al.，2008）。研究发现，认知方式与记忆、注意以及元认知的关系密切，并且影响个体对信息加工方式的选择（Kozhevnikov，2007）。Burgess 和 Shallice（1997）认为，完成前瞻记忆任务需要个体调用注意监控系统监视靶线索的出现，并适时中断进行中任务，将注意力转移到前瞻记忆任务上来。由此可见，认知方式可能会影响前瞻记忆的加工过程。现有研究已分别证实了初中生、高中生和大学生场独立者完成前瞻记忆任务的优势（李寿欣等，2005；李寿欣等，2008；王丽娟等，2010）。与此同时，虽然李寿欣和宋艳春（2006）曾探讨过小学三年级、初一和高一不同认知方式个体在完成前瞻记忆任务上的差异情况，但其研究并未选取更多学龄儿童样本，故未深入探讨认知方式对学龄儿童前瞻记忆的影响。

有研究表明，线索提示能够有效提高青年被试前瞻记忆的成绩。例如，有研究未发现线索提示会提高被试基于事件的前瞻记忆的成绩（王丽娟等，2011），在前瞻记忆的提取阶段给予图片提示比单词提示更有效（Levén et al.，2014）。而 Vortac 等（1993）及 Vortac 等（1995）的研究却发现，不使用提醒反而会提高被试的前瞻记忆成绩。

但是，在 Meacham 和 Colombo（1980）及张磊等（2003）探讨线索提示对

6～8 岁和 4～8 岁儿童前瞻记忆影响的研究中，研究结果都证明线索提示显著提高了儿童的前瞻记忆成绩。Kliegel 等（2013）也发现，凸显性线索和注意视野中央范围内的线索均可以提高 6～7 岁、9～10 岁儿童的前瞻记忆成绩。但上述三个研究均使用情境实验法，且未细致探讨线索提示对学龄儿童前瞻记忆的影响。如前所述，有研究表明，场独立个体在认知加工过程中更具优势，他们主要依靠内部标准或内在参照进行信息加工；而场依存个体在加工信息时，则主要依赖于外在参照（Reardon & Moore，1988）。据此可以推论，外在线索提示对场独立个体的前瞻记忆的影响较小或者无影响，但场依存个体在完成前瞻记忆任务过程中可能会更加依赖于外在线索提示。

王丽娟和于战宇（2015）使用 3（年龄：8 岁/10 岁/12 岁）×2（认知方式：场独立组/场依存组）×2（线索提示：有提示/无提示）的被试间设计，首次深入分析了认知方式与线索提示对学龄儿童基于事件的前瞻记忆的影响。研究采用镶嵌图形测验测量被试的认知方式。为匹配进行中任务的难度水平，8 岁组的 87 个词对均来自一二年级的语文教材，10 岁组的 77 个词对均来自三四年级的语文教材，12 岁组的 77 个词对均来自五六年级的语文教材。3 个靶线索词均选自一年级语文教材，以保证被试对靶线索词的完全掌握。实验结束后，测量被试对前瞻记忆任务指导语的回溯记忆成绩，以排除无效被试。实验结果显示，年龄主效应显著，认知方式在儿童基于事件的前瞻记忆加工过程中扮演重要角色。对于年幼儿童（8 岁和 10 岁）来说，场独立者更善于完成基于事件的前瞻记忆任务；而对于 12 岁儿童来说，场独立者与场依存者都可以很好地完成基于事件的前瞻记忆任务。同时，线索提示有助于学龄儿童完成基于事件的前瞻记忆任务，并且能够弥补场依存儿童在执行基于事件的前瞻记忆能力上的不足。

研究认为，在前瞻记忆任务中，个体不仅需要对前瞻记忆靶线索进行监控，还需要适时将注意力从进行中任务转移到前瞻记忆任务上来，场独立个体具有较高的心理分化水平（Witkin & Goodenough，1981）、良好的元认知技能以及较好的注意监控技能（Kush，1996），这些都使得他们在执行前瞻记忆任务上更具有优势。由于前瞻记忆各个加工阶段中意识参与程度不同，相比较而言，保持阶段所需的注意资源较少，而其他三个阶段则需要较多的注意资源以维持较高的激活状态（Kliegel et al.，2004），所以，对于场独立儿童来说，他们更加擅长自我提示和协调，在注意资源一定的条件下，他们能更加灵活地对资源进行调配（Guisande et al.，2012），导致其前瞻记忆成绩优于场依存儿童。

线索提示能提高儿童的前瞻记忆成绩可能得益于以下几方面：其一，线索提示能够激活个体对前瞻记忆任务的回忆，使得个体进一步再现或巩固已有的前瞻记忆表征，也可以重新形成或改变这种表征，以帮助个体记得要完成前瞻记忆任务（Ellis，1996b）；其二，线索提示有利于个体形成一个新计划或回顾原有的计划（Guynn et al.，1998），而计划可能会自动提高个体对前瞻记忆表征的激活水平，以帮助个体形成一个较为精细的表征，这些都会增加潜在回忆路径的数量进而提高前瞻记忆的成绩（Kliegel et al.，2002）；其三，线索提示可能增强了前瞻记忆靶目标和执行意向间的联结，进而使得对前瞻记忆的加工达到自动激活水平。神经生理学研究也表明，当目标和记忆痕迹间的联结足够充分时，海马系统就会自动激活目标与行为间的联结（Moscovitch，1994）；其四，根据预备注意和记忆加工理论（Smith & Bayen，2004），在前瞻记忆任务执行过程中，为了监控目标线索的出现，被试会保持一种特殊的警觉状态。在线索提示条件下，被试可能保持较高的警觉状态，这有利于被试顺利地完成前瞻记忆任务；但当不呈现线索时，场依存个体将不能从上述原因中获益，使场独立个体在前瞻记忆认知加工中的优势得以体现，进而导致交互作用的出现。

4.3.3 相关因素对基于时间的前瞻记忆影响的实证探讨

1. 时间估计能力

绝大部分基于时间的前瞻记忆任务均要求被试在一段时间间隔后进行指定的反应。因此，一些研究关注了时间估计能力与基于时间的前瞻记忆的关系（Mäntylä & Carelli，2006；Carelli et al.，2008）。

时间估计是指个体凭借主观经验对客观时间的顺序性和持续性的认知。这种能力会影响前瞻记忆成绩（Goldstein，2005；Mäntylä & Carelli，2006；Carelli et al.，2008），且这种影响的基本原理与前瞻记忆的特殊范式有关。许多前瞻记忆任务需要对某一整体进行离散的、暂时的表征，因此，这种对时间间隔的估计能力本身可能是影响前瞻记忆成绩的 一个重要因素。

迄今为止，时间估计的实验范式主要有两种：预期式时间估计和回溯式时间估计，二者之间的区别在于实验之前是否告知被试要对靶时间进行估计。预期式时间估计是在实验开始前被试就知道刺激呈现后要对靶时间进行估计；而回溯式时间估计是在实验结束时被试才知道要对已经呈现的时间进行估计。研究结果表明，与成人和青年人相比，儿童会对经历过的时间间隔做出长于原时间间隔的估计判断，而时间估计能力在 7～10 岁是逐渐增强的，他们对时间估计的再评估会随年龄的增长做出更迅速、精确的判断（Block et al.，1999）。

以实验方法探究时间估计能力对前瞻记忆影响的研究很少，且研究结论相互矛盾。例如，Mäntylä 和 Carelli（2006）发现，时间估计能力可能是前瞻记忆的一个影响因素。在其以学龄儿童和青年人为被试的研究中，进行中任务为看电影，前瞻记忆任务为每隔 5 分钟报告一次，时间估计任务是让被试对 4～36 秒的时间进行再估计。结果未发现年龄差异，时间再估计成绩与前瞻记忆中的时间监控成绩没有显著相关。但是，Mackinlay 等（2009）以 7～12 岁儿童为被试，研究时间估计能力对基于时间的前瞻记忆成绩的影响。他们让被试对 2 分钟这个时间段进行估计，前瞻记忆任务是每隔 2 分钟按黄色按键，结果发现二者存在相关。所以，时间估计能力与基于时间的前瞻记忆的关系仍有待于进一步澄清。

2. 执行功能

基于时间的前瞻记忆需要较多的自我启动的加工过程和较多的注意资源（Einstein & McDaniel，1990；Cherry & LeCompte，1999），提取的自发性和动力性等特点都会使得基于时间的前瞻记忆任务更加依赖于执行控制过程（Craik，1986；Einstein & McDaniel，1996）。一些研究为执行功能对前瞻记忆存在调节作用这一观点提供了直接而充分的实证支持（Burgess et al.，2000；Glisky，1996；Kerns，2000；Mäntylä，2003；Mäntylä & Nilsson，1997；Martin et al.，2003；McDaniel et al.，1999；Salthouse et al.，2003），但只有很少的研究检验前瞻记忆的监测频率与执行功能间的关系（Caeyenberghs et al.，2005；Kerns，2000；Kerns & Price，2001）。

Mäntylä 等（2007）曾使用学龄儿童与青年被试，对比了两个群体在执行前瞻记忆任务时的执行功能差异，发现执行功能中的抑制和刷新成分在前瞻记忆认知加工过程中十分重要。如果个体不能很好地抑制干扰信息以保持延迟执行意向，或者不能有效刷新工作记忆中的内容，那么就会导致对时间产生非连续性知觉，这会使得个体更加依赖外部线索进行时间监控（Mäntylä et al.，2007），这一观点得到了其他研究的支持（Voigt et al.，2011）。Kerns（2000）也观测到基于时间的前瞻记忆成绩与个体的抑制能力、视空间工作记忆的测量结果均存在显著相关。此外，Kretschmer 等（2014）以学前到学龄期过渡的儿童为研究对象，采用中介模型调查了执行功能（工作记忆、抑制控制）和时间监控对基于时间的前瞻记忆发展的影响。研究结果表明，处于学前到学龄期过渡的儿童，基于时间的前瞻记忆能力都在持续发展。而分别以工作记忆和时间监控、抑制控制和时间监控为中介变量的中介模型分析结果表明，年龄对基于时间的前瞻记忆具有显著的主效应，而只有工作记忆差异能有效解释这一效应，并不涉及抑制控制和时间监控。这说明年长儿童具有更高的工作记忆能力，这反过来又与更好的前瞻记忆表现（成功按时加油）有关。同时，无论是仅涉及时间监控的间接路径，还是从工作记忆再到时间监控的中介路径，都不起中介作用，时间监控都只与基于时间的前瞻记忆表现相关，而与工作记忆和年龄无关。由此可见，儿童执行功能的发展，特别是其工作记忆能力的发展是推动学前至学龄期儿童前瞻记忆发展所需要的关键性认知加工。

4.4

本 章 小 结

如前所述，目前关注学龄儿童前瞻记忆发展研究的文献相对较少。而在已有的研究中，由于研究者采用的实验范式不同，对进行中任务难度水平的控制也未进行标准化，因此，学龄儿童前瞻记忆的研究结论仍未达成一致。后续研究应多关注各研究所得矛盾结论的原因，以化解现有不一致结果为出发点进行理论探索与实证探究，进而明晰学龄儿童前瞻记忆的发展轨迹。

　　此外，本章还从双任务范式角度及相关因素方面论证了学龄儿童两种前瞻记忆的影响因素，其中包括进行中任务难度、前瞻记忆任务难度、前瞻记忆任务的凸显性、编码方式与物体呈现、认知方式与线索提示、时间估计能力、执行功能等。而除了上述所提到的学龄儿童前瞻记忆的主要研究方法、发展轨迹以及影响因素外，仍需系统而深入地探讨一些崭新的领域，如学龄儿童特定脑区的发展和损伤与前瞻记忆的关系、学龄儿童的认知方式和自我意识的发展与前瞻记忆的关系，以及发育迟滞学龄儿童前瞻记忆的发展等，这些问题都有待研究者进行进一步分析和解决。

第 5 章

青少年的前瞻记忆：成长与发展

　　根据现有研究结论，前瞻记忆的发展跨越 2～12 岁的年龄范围。例如，有研究表明，学前儿童已拥有执行基于事件的前瞻记忆能力（Guarjardo & Best，2000；Somerville et al.，1983）。并且，随着儿童使用外在提示线索能力的提高，其前瞻记忆能力也在不断地向前发展（Beal，1988；Meacham & Colombo，1980）。而基于时间的前瞻记忆能力则在 7～12 岁获得发展，并且随着儿童使用时间检查策略能力的提高而持续提高（Ceci et al.，1988；Kerns，2000）。由于执行基于时间的前瞻记忆任务不仅要使用较为复杂的策略，而且要进行持续的时间监控，所以需要更多的执行资源。因此，儿童基于时间的前瞻记忆能力的发展晚于基于事件的前瞻记忆能力的发展（Martin et al.，2003；Nigro et al.，2002）。但是，目前青少年儿童前瞻记忆能力的发展趋势如何尚未可知。而确定青少年前瞻记忆发展过程的规律，不仅有助于进一步了解前瞻记忆的加工实质，而且可将研究成果运用于青少年儿童的教育和引导方面，尤其在问题行为青少年儿童的教育与管理、能力的培养、心理素质的提高等实践方面将会有很大的促进作用。所以，若将前瞻记忆的发展进程与机制作为研究目的，即"为发展而研究"，就必然涉及青少年时期的前瞻记忆发展。目前，已经有研究者开始关注前瞻记忆的年龄发展这一课题，如 Zimmermann 和 Meier（2006）进行了一项关于前瞻记忆终生发展的研究，他们比较了 4～6 岁、13～14 岁、19～26 岁、55～65 岁、66～75 岁五个年龄组被试的前瞻记忆发展水平，发现前瞻记忆的终生发展呈倒 U 形，即前瞻记忆在个体前半生的发展为上升趋势，在中老年期的发展则呈下降趋势。

5.1

青少年前瞻记忆研究：回顾与反思

研究者推论，12 岁以上的青少年的前瞻记忆能力很可能表现出持续发展的特点（Zimmermann & Meier，2006；Wang et al.，2006；Wang et al.，2011；Ward et al.，2005；Kretschmer-Trendowicz & Altgassen，2016；Huizinga et al.，2006；Lehto et al.，2003；Altgassen et al.，2014）。提出这一观点的出发点和依据来自三个方面。首先，从行为认知发展的角度来看，根据以往的有关记忆发展的研究文献，在某些记忆领域，学龄儿童在记忆机能上的发展变化仍在持续，如工作记忆（Luciana et al.，2005）、短时记忆的存储能力（Schneider et al.，2002）等。而已有研究表明，前瞻记忆与工作记忆存在着一定的相关（Martin et al.，2003），并且前瞻记忆任务中包含一个记忆存储成分（即回溯记忆成分，指记住意向的内容）（Ellis，1996b），而回溯记忆在青少年期是不断发展的（孙长华等，1992）。其次，从神经心理学的角度来看，参与前瞻记忆提取的神经结构仍在发展。研究表明，前瞻记忆与大脑皮层的执行功能（如计划、抑制、预期、自我发动和自我监控等）有关（McDaniel et al.，1999），其中前额叶区域对于执行功能来说尤其重要。脑神经成像研究证实，在执行前瞻记忆任务期间，前额叶的活动表现出增强的现象（Burgess et al.，2001；Okuda et al.，1998；d'Ydewalle et al.，1999）。已有研究表明，前额叶皮层的发展较晚，其执行功能的调节能力和结构化的成熟贯穿整个青少年时期（Luciana et al.，2005）。此外，仅从解剖测量方面也可得出类似结论，如髓鞘形成、皮层的厚度、树突分化和化学递质种类的增加（染色体增殖的化学表征）等，直到青少年晚期甚至成年早期才逐渐发展成熟（Benes，2001；Caviness et al.，1996；Giedd et al.，1999；Huttenlocher & Dabholkar，1997；Kolb & Fantie，1989；Lambe et al.，2000；Pfefferbaum et al.，1994；Sampaio & Truwit，2001；Stuss，1992）。最后，到目前为止，仅有一项研究以任务中断为控制变量，比较了 8～9 岁学龄儿童和 12～13 岁青少年儿童前瞻记忆能力的差别，结果发现青少年儿童被试的前瞻记忆任务完成得更好，且较少受到中断的影响（Shum et al.，2008）。这也可以作为青少年期前瞻记忆仍在发展的证据。

但也有研究认为，在儿童早期，前瞻记忆能力至少得到了部分充分的发展（Meacham，1982；Winograd，1988），因为能够执行延迟意向是应付日常生活中大量有关独立生活挑战所必备的首要条件。例如，Bialek（2009）探究了儿童在青少年时期前瞻记忆的发展过程，发现基于事件的前瞻记忆能力在 8 岁左右已经可以达到较为稳定的水平，只有基于时间的前瞻记忆能力在 8 岁以后依然会持续发展。

那么，为何到目前为止，儿童与青少年前瞻记忆发展的研究数量较少呢？首先，从前瞻记忆老化（年轻人与老年人比较）方面的研究可以看出，其研究的主要目的是通过比较不同变量条件下年轻与老年人被试前瞻记忆的成绩，来确定前瞻记忆认知加工的心理机制。在这一目的指引下，前瞻记忆年龄效应的研究成为一种前瞻记忆机制研究的手段而不是目标，而年轻人与老年人则是最典型、最有效的比较对象。所以，纵观已有的关于年龄效应的研究，其大多比较了 19～59 岁的年轻被试与 59～84 岁的老年人被试前瞻记忆成绩的差异（Henry et al.，2004），而其他年龄阶段个体前瞻记忆的发展研究涉及较少，对青少年儿童（12～25 岁）前瞻记忆的发展研究则更少（Wang et al.，2006）。

其次，关于青少年前瞻记忆发展的研究较少，也部分与研究方法有关。由于前瞻记忆加工过程的特殊性，即在一定程度上带有自动加工的性质和特点，这使得在研究过程中，被试的前瞻记忆表现容易出现"全或无"的现象——一旦记住前瞻记忆的任务就能全部正确地完成余下的目标任务，不会轻易忘记，从而出现高限效应（天花板效应）。可以设想，如果增加任务负载或改变任务性质，被试也可能一直不会记起前瞻记忆任务，又会出现低限效应（地板效应）。

所以，在实验研究过程中，前瞻记忆任务内容的选择是影响研究设计甚至研究效果的关键因素。而对于前瞻记忆的发展研究来说，需要比较不同年龄阶段被试在完成同样或类似的前瞻记忆任务时的成绩。所以，在实验室条件下，研究者就很难找到适合、有效的任务内容，而对于认知能力差异较大、发展迅速的青少年个体来说，情况更是如此。

总之，从已有研究中还不能明确推断出青少年时期前瞻记忆的年龄效应是否存在，其发展趋势和总体特点也仍不清晰。所以，有必要对青少年儿童前瞻记忆的发展及其潜在认知机制进行深入探索和分析。

5.2

青少年前瞻记忆的发展进程

除了前述有研究者为确定前瞻记忆终生发展而对青少年期前瞻记忆发展有所涉及外，目前以青少年期前瞻记忆发展进程与机制为重点的研究只有刘伟（2007）的一项横向研究，研究对象为 12～20 岁的在校青少年学生。下文将对此研究进行较为详细的论述和分析。

5.2.1 研究材料

根据 Einstein 和 McDaniel（1990）经典实验室范式的要求，使用 Visual C 计算机语言编制前瞻记忆测试程序。

在测验中，进行中任务为单词分类。具体操作内容如下：首先，从上海教育出版社出版的小学语文一年级上学期到四年级下学期教材（实验术）和阅读材料的生词表中随机选取人物（如父亲）、动物（如山羊）、日用品（如背包）、植物（如柳树）四类名词，共 96 个；然后，主试将这些以红、蓝、黄、绿、黑、白等不同颜色书写的名词随机呈现给被试，要求被试对这些名词进行归类，即当一个名词出现在屏幕中央时，被试需要用鼠标点击下方四个类别名词中正确的那一个，程序会自动记录被试判断的正确率与反应时。

双任务中的另一个任务——前瞻记忆任务，在测量中分为基于时间的前瞻记忆任务和基于事件的前瞻记忆任务两类，并同时分别测试。其中，基于事件的前瞻记忆任务为当呈现的名词为红色时，除完成进行中任务（分类）外，被试还要按下键盘上的 F1 键。基于时间的前瞻记忆任务是，当测试进行到特定时间时（每隔 3 分钟，即测试进行到第 3、6、9、12 等分钟时），被试要按下键盘上的 F5 键。电脑屏幕的右上角会一直显示测试持续的时间。

为避免前述前瞻记忆研究中容易出现的天花板效应和地板效应，研究对前瞻记忆测量程序进行了以下几方面的控制。一是增加测试项目的数量，以增长实验持续时间。整个测试共有 192 个项目（单词）呈现，测试持续时间达到 20 分钟左右。测试项目的增多增加了成绩的差距。二是增加项目的难度，主要体现在项目的难度跨度较大。在全部 192 个项目中，96 个项目为基本难度的项目，另外 96 个项目在难度上有所提高。提高难度的途径是增加前瞻记忆目标词的限定条件，即遇到红色且为"人物"和"日用品"这两类词时才按下 F1 键。测试项目难度的增加有效地避免了天花板效应和地板效应的出现。

在测验中，由于进行中任务为名词分类，能否完成这一任务涉及被试的相关知识水平。与前瞻记忆任务不同的是，一方面，进行中任务应能使不同年龄的被试在正常条件下正确完成，难度不能太大，这样才能保证前瞻记忆成绩的差别来自前瞻记忆能力本身的不同，而不是过多包含着进行中任务的影响；另一方面，进行中任务又不能太容易，至少要能使被试在一定程度上集中精力完成（Ellis & Kvavilashvili, 2000），否则会使被试把大部分认知资源都分配到前瞻记忆任务中，使前瞻记忆任务变为警戒任务。为满足这一条件，进行中任务（分类任务）的所有名词都取自小学中、低年级语文课本和阅读材料，保证年龄较小的被试能够完成，而对名词进行四个类别分类的任务，也能保证被试必须集中注意。为证实这一点，在正式实验前，研究者进行了一个预备测试，让 42 名 12～15 岁年龄组的被试与 37 名 20～22 岁年龄组的被试只完成测验程序中的进行中任务，忽略前瞻记忆任务，以确定这两个年龄组正确率是否有差异。结果表明，在没有前瞻记忆任务伴随的单一任务条件下，12～15 岁年龄组被试与 20～22 岁年龄组被试都能很好地完成单词分类任务，且成绩没有显著差异，从反应时上看，20～22 岁年龄组被试的反应快于 12～15 岁年龄组被试的反应。从总体上看，单词分类任务可以作为 12～20 岁个体的比较恰当的进行中任务。

5.2.2 研究过程

布置完测试任务后，呈现一段无关的文字供被试阅读，内容为怎样在学习中增强记忆效果的有关知识，以此作为编码与执行之间的间隔，防止被试将前瞻记忆任务变为警戒任务。这段文字共呈现 25 秒。

随后测试开始，每个单词在屏幕上依次呈现。每完成一个单词的分类自动跳到下一个；如果单词在 10 秒钟之内没有被分类，也会跳到下一个。呈现 48 个项目后，加入一个长度为 60 秒钟的延时。延时过程中让被试完成两个无关任务：一是阅读三个幽默小故事；二是完成三个难度不高但需要认真思考的数学运算题，如 "2＋2=2×2，还有哪个数字可以组成这样的式子？"（答案为 0）等。一分钟后，不管被试有没有完成运算，程序都会自动结束延时，继续呈现单词。

在 192 个项目的测试全部结束后，进行回溯记忆任务的测试。屏幕上依次出现一些单词，要求被试做新词和旧词判断，即要求被试判断这些单词是在前面测试中出现过的旧词还是没有出现过的新词。这部分共 48 个项目，其中有 24 个旧词、24 个新词。新词与旧词随机呈现。

5.2.3 结果

对程序自动记录的进行中任务、基于事件的前瞻记忆任务、基于时间的前瞻记忆任务、回溯记忆任务的正确数、错误数以及完成每个项目的平均反应时进行统计分析，并剔除个别在整个实验中前瞻记忆反应次数为 0 的被试的数据。

以对目标词的正确反应次数与错误反应次数的差异为基于事件的前瞻记忆成绩的指标，以正确率（正确项目数/总项目数）为进行中任务（分类任务）和回溯记忆任务成绩的指标，以正确反应的次数为基于时间的前瞻记忆任务成绩的指标，然后对数据进行整理和分析。此外，由于每位被试完成测试的时间不同，所以被试在全部测试时间内遇到需要做出基于时间的前瞻记忆反应的次数也不同，但考虑到每位被试所需时间都在 15 分钟以上，所以只计算 15 分钟内基于时间的前瞻记忆成绩，满分为 5 分。最后，因为反应时越少，被试完成任务的速度和效率越高，所以可以把每个项目的平均反应时作为认知成绩的反向指标。

1. 各年龄组前瞻记忆成绩的比较

不考虑延时等因素，对各年龄组全部实验过程中基于事件的前瞻记忆任务的成绩进行单因素方差分析，发现各年龄组之间差异显著，从变化趋势上看，12～20 岁各年龄组基于事件的前瞻记忆的成绩呈依次上升的趋势。为进一步探索这一趋势，将所有相邻的两个年龄组被试的成绩通过平均数差异检验进行比较（即 12 岁组与 13 岁组比较、13 岁组与 14 岁组比较等），发现 13 岁组和 14 岁组被试的成绩差异显著；15 岁组和 16 岁组被试的成绩差异显著，其余相邻年龄组被试的成绩差异均不显著。

同样，对各年龄组被试基于时间的前瞻记忆任务的成绩进行单因素方差分析，发现各年龄组被试之间的成绩差异显著。与基于事件的前瞻记忆任务的成绩一样，基于时间的前瞻记忆的成绩也呈逐渐上升的趋势。对相邻两个年龄组被试基于时间的前瞻记忆成绩进行平均数差异检验，结果发现 15 岁组和 16 岁组的成绩差异显著，其余相邻年龄组间成绩的差异不显著。

2. 各年龄组进行中任务、回溯记忆任务表现以及平均反应时的比较

首先，比较各年龄组进行中任务、回溯记忆任务的成绩。结果发现，12 岁组（$M=0.835$，$SD=0.114$）与 13 岁组（$M=0.772$，$SD=0.144$）以及 13 岁组与 14 岁组（$M=0.829$，$SD=0.103$）被试的回溯记忆成绩差异显著，12 岁组和 14 岁组被试的回溯记忆任务表现都显著好于 13 岁组的成绩，但是 12 岁组和 14 岁组之间不存在显著性差异；而 14 岁组与 15 岁组被试则是进行中任务成绩存在显著差异，15 岁组（$M=0.984$，$SD=0.018$）被试的进行中任务表现显著高于 14 岁组（$M=0.974$，$SD=0.023$）的进行中任务表现。值得注意的是，基于时间和基于事件的前瞻记忆表现在 12～20 岁有明显的变化趋势，而进行中任务和回溯记忆任

务表现在这一阶段却没有明显变化。

其次，对各年龄组进行中任务的平均反应时进行分析，结果发现，平均反应时仅在 12 岁组与 13 岁组、14 岁组间存在显著差异，12 岁组（$M=47.06$，$SD=7.94$）被试在进行中任务的平均反应时显著长于 13 岁组（$M=43.21$，$SD=7.12$）和 14 岁组（$M=43.16$，$SD=7.28$）。

5.2.4 结果分析

从各年龄组被试基于事件和基于时间的前瞻记忆的比较成绩看，在 12～20 岁这一年龄阶段，个体在这两种前瞻记忆能力的发展水平上是持续提高的，特别是在 14～16 岁时发展速度最快。在统计时，以实足年龄为分组标准，各年龄组受测者来自不同的学校和年级，因此，可以认为实验已平衡学校、年级等无关因素的影响。

Wang 等（2006）的研究比较了 13～22 岁的中学生和大学生被试的前瞻记忆成绩，结果与刘伟（2007）的测试结果一致：大学生被试组基于事件的前瞻记忆成绩显著好于中学生被试组的成绩。在前述另一项前瞻记忆终生发展的研究中，研究者比较了 4～6 岁、13～14 岁、19～26 岁、55～65 岁、65～75 岁五个年龄组被试的前瞻记忆发展水平，结果发现前瞻记忆的终生发展是呈倒 U 形的，即从儿童期到成年期这一阶段是处于上升期的（Zimmermann & Meier，2006），这也与刘伟的研究结论吻合。

但也有研究者得出了不同的结论，认为在这一年龄段，个体前瞻记忆能力没有年龄差异。这可能与实验材料、任务性质等不同有关。例如，李寿欣和宋春燕（2006）的研究认为小学、初中和高中生被试的前瞻记忆没有明显区别。但在这项研究中，为了比较不同年龄被试组的前瞻记忆能力，研究者对进行中任务进行了平衡，即小学、初中和高中被试所需完成的进行中任务难度是依次增加的，在不同的进行中任务难度下获得的前瞻记忆成绩是否可比，是值得商榷的。对这三个学段的学生而言，进行中任务的难度是相等的，似乎排除了任务难度不均衡对前瞻记忆成绩的影响。但是，实际上，任务难度的不匹配可能混淆任务难度和年龄对前瞻记忆的作用。这种操纵可能会削弱甚至消除前瞻记忆的年龄效应。因此，为了排除任务难度这一无关变量对前瞻记忆的影响，刘伟（2007）采用同一难度（低难度）的进行中任务（对小学课本中出现的名词分类）进行测试，这样不同年龄被试的前瞻记忆成绩更具可比性。

综上所述，研究证实 12～20 岁青少年基于时间和基于事件的前瞻记忆能力持续发展。其中，12～16 岁青少年儿童的前瞻记忆能力发展速度较快，特别是在 14～16 岁，这两种前瞻记忆能力呈现出加速发展的趋势。

5.3

青少年前瞻记忆的发展机制

如上所述，青少年前瞻记忆发展进程及机制的研究到目前为止并不多见。在现有的研究中，研究者为确定青少年前瞻记忆的发展过程及其特点，通过引入任务重要性、情绪状态等变量进行了认知实验。以下以这些变量为线索分别进行介绍和分析。

5.3.1　任务重要性对青少年前瞻记忆的影响

Kliegel 等（2001，2004）的研究表明，强调前瞻记忆任务的重要性会影响前瞻记忆任务成绩。因为，强调的过程将指示执行资源朝向更重要的任务元素。可见，强调任务的重要性与前瞻记忆任务的执行密切相关。而在典型的前瞻记忆任务中，要求被试同时完成两个任务：进行中任务和前瞻记忆任务（前瞻记忆的双重任务特性）。不难推断，前瞻记忆任务和进行中任务共同竞争有限的执行资源，一些资源需要用来完成进行中任务，而另一些资源需要用来监测目标事件出现的环境（Smith，2003；Smith & Bayen，2004）。如果前瞻记忆任务被特别强调，更多的注意资源就会被分配到该任务上。假设青少年执行加工资源仍在发展和完善，那么由于不同的任务强调水平所造成的资源分配效应也许是青少年前瞻记忆发展的关键，任务强调也许可以给予前瞻记忆能力发展所出现的年龄效应一个较为合理的解释。Wang 等（2006）通过实验研究对此问题进行了分析。

1. 实验研究：过程与结果

该研究共招募了 341 名大学生和中学生被试。其中，219 名为普通高校非心理学专业本科生，年龄范围为 19～22 岁，平均年龄为 20.54 岁，其中有 54 名男生、165 名女生；122 名为普通九年一贯制学校的中学生，年龄范围为 13～16 岁，平均年龄为 14.47 岁，其中有 53 名男生、69 名女生。两所学校的入学测试表明所有被试的智力正常。研究采用 2（年龄：少年/青年）×2（进行中任务强调水平：正常水平/高强调水平）×2（前瞻记忆任务强调水平：正常水平/高强调水平）的被试间设计。

实验材料分为四种：第一种是进行中任务材料/正常进行中任务强调水平。在实验中，进行中任务要求被试对 60 个听力刺激进行反应。听力材料由个人电脑音箱呈现，刺激间的时间间隔为 8 秒（回答问题的时间为 4 秒）。在正常进行中任务强调条件下，刺激项目是 60 个选自不同问卷，描述个性维度的陈述句（例如，"做事力求稳妥，不做无把握的事"），或者描述感情状态的陈述句（例如，"我感到愉快适意"）。给被试提供答题纸，答题纸上包括 60 个答案序号，所有的问题都有四个维度的备选答案。被试必须从四个答案（"从不""有时""经常""总是"）中选取一个最符合自己目前状态的答案，并在所选的答案下做"√"的标记。

第二种是高进行中任务强调水平。在该条件下，把另外一些更富有竞争性的任务元素安插在进行中任务中。这些任务元素需要被试花更多时间理解和思考，因而使该任务在被试心目中成为"重要的"。具体来说，就是把上述问卷中的 60 个陈述句中的 6 个替换为数学问题。考虑到两组被试处于不同的年龄阶段，所以所选的数学题目对每组被试来说都是中等难度水平的。每 10 个项目呈现 1 道数学问题，要求被试把答案写在答题纸上。为了强调进行中任务的重要性，告知被试要尽可能好地完成这些任务。

第三种是前瞻记忆任务材料/正常前瞻记忆强调水平。前瞻记忆任务是当听到录音陈述里包含任何否定词"不"时，记得在所选的答案上画两个"√"的标记。为了使被试处于监测目标线索的状态，即使被试处于注意需求最大化的状态（Kliegel et al.，2004；Smith，2003；Smith & Bayen，2004），材料中有 20 个项目包含否定词，这些项目随机分布在进行中任务的项目里。但数学题目中不包含前瞻记忆任务线索否定词"不"。

第四种是高前瞻记忆任务强调水平。在该条件下，增加前瞻记忆任务的注意需求。主要手段是更多解释增加了什么任务元素、需要怎么做的问题，从而强调了前瞻记忆任务的重要性。具体来说，除了标准条件下的要求之外，告诉被试当包含有一个否定词"不"的项目序号为偶数时，在所选的答案后面画三个"√"的标记。并且通过告诉被试要尽可能好地完成这个任务，而再次强调了前瞻记忆任务的重要性。

实验首先给被试呈现进行中任务的指导语，并提供练习阶段，使被试完全理解如何完成进行中任务。然后主试告知被试研究所关注的问题是其记住在将来执行意向行为的能力，并给被试呈现前瞻记忆任务的指导语。在指导语呈现和实验结束之后，测试被试对指导语的回忆情况。

实验结果表明，被试的前瞻记忆正确率既未产生地板效应，也未产生天花板效应。根据方差分析，年龄的主效应显著，大学生被试组的前瞻记忆成绩好于中学生组的成绩；进行中任务强调水平的主效应显著，正常进行中任务强调条件下的前瞻记忆成绩好于高进行中任务强调条件下的成绩；前瞻记忆任务强调水平的主效应显著，高前瞻记忆任务强调条件下的前瞻记忆成绩好于正常前瞻记忆任务强调条件下的成绩；年龄和前瞻记忆任务强调之间的交互作用显著。进一步的分析表明，这一交互作用来自中学生被试的前瞻记忆任务强调效应比大学生被试的效应大四倍。

2. 结果分析

根据研究结果，Wang 等（2006）得出了如下三个结论：第一，青少年基于事件的前瞻记忆能力仍然在发展；第二，强调双重任务程序中的前瞻记忆任务部分提高了前瞻记忆成绩，而强调进行中任务部分则降低了前瞻记忆成绩；第三，强调任务中的前瞻记忆任务部分，使中学生被试比大学生被试在前瞻记忆成绩上获益更多。

强调进行中任务的重要性可能降低前瞻记忆成绩，而强调前瞻记忆任务成分的重要性则可能提高前瞻记忆成绩的结论，这与此前以青年为被试的任务重要性的研究结论一致（Einstein et al.，2005；Kliegel et al.，2001，2004；Smith & Bayen，2004），但 Kliegel 等（2001）根据研究结果认为，上述现象也许只在前瞻记忆任务需要较高数量目标监测的时候才出现。例如，为了分辨出两个具体字母，在单词分类任务中，个体需对每一个进行中任务中包含的单词进行检查。但该结论还有待于进行进一步的验证，需要深入探究前瞻记忆与进行中任务正确率和反应时成绩的潜在的平衡加工过程。

年龄与前瞻记忆存在交互作用的结果可以用认知资源有限的理论来阐释——中学生被试的执行资源有限，因而把资源重新导向前瞻记忆任务成分使中学生被试收益更多。虽然大学生被试的成绩也因为强调前瞻记忆任务而被提高，但与中学生被试相比，其成绩提高的幅度较小。此外，这也可能是因为大学生被试可供调配的注意资源充沛，因而用于任务中的执行资源的基线水平较高。

5.3.2 干扰对青少年前瞻记忆的影响

真实世界中前瞻记忆任务经常是伴随着进行中任务完成的。例如，记得见到某个人给他带个口信的任务。在这个意向形成之后，个体需要继续忙于其他活动（进行中任务）。当某人作为线索出现在面前的时候，激活意向才能完成前瞻记忆目标任务的提取。前瞻记忆任务的这一特点也被落实到实验室任务范式中。例如，在对单词进行分类（进行中任务）的过程中，见到某个特定的单词，按键盘上的某个键（前瞻记忆任务）（Einstein & McDaniel，1990；McDaniel & Einstein，2000）。基于注意资源有限理论，在考查前瞻记忆加工过程，尤其是在探索前瞻记忆发展机制问题的时候，必然要考虑到进行中任务的特点（McDaniel

& Einstein，2000；Kvavilashvili et al.，2001）。如前所述，因为青少年期前额叶皮层仍处于发展成熟阶段，那么可以推论，与成年被试相比，增加干扰任务将使青少年的前瞻记忆成绩下降更多。

Wang 等（2008）的研究结果证实，任务中断会使学前儿童，尤其是使年幼儿童（幼儿园小班）的前瞻记忆成绩受损。另外，还有研究考查了干扰任务对成人前瞻记忆成绩的影响，结果表明分配注意使前瞻记忆成绩下降（Einstein et al.，1998；McDaniel et al.，1998）。但也有研究得出分配注意任务并未使前瞻记忆成绩下降的结论（Otani et al.，1997）。

此外，Wang 等（2006）认为，重要性效应的出现只发生在前瞻记忆任务需要较高数量的目标监测的时候，也就是说，在目标事件较多的前瞻记忆任务中，被试经常需要把注意力从进行中任务转到前瞻记忆任务上。那么据此可以推论，在目标事件较少的实验条件下，干扰效应可能并不显著。

基于先前实验研究的结果，Wang 等（2011）认为目前对前瞻记忆干扰效应研究仍存在分歧和矛盾，应从三个目标出发，进一步探究青少年前瞻记忆的发展和前瞻记忆加工机制问题：第一，进一步验证青少年阶段前瞻记忆发展的年龄效应；第二，考查干扰任务对青少年前瞻记忆成绩的影响；第三，减少前瞻记忆任务的目标事件数量，以考察造成重要性差异的潜在机制。研究假设，随着注意分配程度的增加，前瞻记忆在正确率和反应时上的成绩都将下降。而且，基于前额叶皮层发展较晚的理论观点，研究预期大学生被试的前瞻记忆成绩好于中学生被试的成绩。下文将对此研究进行较为详细的论述和分析。

1. 实验研究：过程与结果

实验一共招募 59 名被试，平均年龄为 16.34 岁，女生有 37 名，男生有 22 名。其中，30 名初中生被试来自普通中学，平均年龄为 13.29 岁，18 名女生，12 名男生；另有 29 名大学生被试来自普通高校非心理学专业的学生，平均年龄为 19.49 岁，19 名女生，10 名男生。所有被试身体健康，无色盲或色弱。视力经矫正后均达到 1.0 以上。实验采取 2（年龄：少年/青年）×2（进行中任务的分配注意水平：有干扰任务/无干扰任务）。

实验的进行中任务与学前儿童前瞻记忆的聚焦效应实证研究中所采用的计

算机实验任务相似（详见第 3 章学前儿童的前瞻记忆：聚焦效应部分）。分配注意任务以听觉形式呈现。指导语如下：请听录音报告的数字，当听到一个数字被连续重复了两次（如 4、7、2、9、1、5、5）时，请口头报告"一样"。呈现前瞻记忆任务指导语之后，正式实验开始之前的干扰任务为 Stroop 色词测验。该测验的实施一是起到干扰作用，使被试无法对前瞻记忆任务进行复述；二是为了对两组被试的抑制分心物能力进行事后比较。测验持续 7 分钟左右。

实验结果表明，中学生被试在听力干扰任务上的正确率高于大学生被试的正确率，而两组被试 Stroop 色词测验的成绩无显著差异。

在前瞻记忆正确率方面，中学生组和大学生组成绩的差异不显著，而干扰任务也并未使被试的成绩显著下降。但前瞻记忆反应时的年龄主效应显著，大学生被试对前瞻记忆目标刺激的反应快于中学生被试的反应。另外，分配注意水平的主效应也不显著，说明数字听力干扰任务并没有使被试对前瞻记忆任务的反应变慢。

在进行中任务的正确率方面，年龄主效应显著，即中学生组正确率高于大学生组正确率，同时，分配注意水平也显著，即干扰任务使被试的成绩显著下降。而对进行中任务的反应时的分析结果显示，年龄主效应和分配注意水平的效应都不显著。

2. 结果分析

对前瞻记忆任务成绩的分析结果显示，虽然两组被试差异不显著，但两组被试对前瞻记忆任务的反应速度差异显著，大学生被试的反应快于中学生被试的反应，这验证了前述青少年期前瞻记忆能力持续发展的结论。另外，干扰效应的分析结果显示，在有干扰任务条件下，两组被试前瞻记忆任务的正确率成绩都有所下降，但差别不显著。这与 Otani 等（1997）的研究结果一致。

根据实验结果，中学生被试在听力干扰任务上的正确率高于大学生被试的正确率，且在进行中任务上的正确率也较高，而大学生被试前瞻记忆任务反应时较短。这表明两组被试在执行任务中采用了不同的认知策略——大学生被试以损失进行中任务与干扰任务的正确率为代价，提升了前瞻记忆任务的流畅性；中学生被试更专注于进行中任务，并力求保证完成任务的正确率，因而在保证前瞻记忆任务正确率的前提下，对前瞻记忆目标事件的反应变慢。

　　而两组被试采用不同认知策略的深层机制可以用前瞻记忆的镶嵌性或双任务的特点解释。即当前瞻记忆任务目标出现时，被试需要把注意力从进行中任务中转向前瞻记忆任务。在该实验中，由于认知资源的限制，中学生被试需要更多认知资源应付进行中任务，因此当前瞻记忆任务目标出现时，从进行中任务转向前瞻记忆任务的能力（即注意转换能力）较差，从而导致其前瞻记忆反应时增长，而同时进行中任务却没有受到影响。

5.3.3　聚焦线索对前瞻记忆成绩的影响

　　Wang 等（2011）的实验一结果显示，增加干扰任务并未使前瞻记忆表现出年龄效应。这可能是由于进行中任务和干扰任务相对简单所引起的。因为当任务简单时，增加干扰任务并未造成真正的资源竞争，两组被试都有足够的资源可供调配，所以未出现年龄差异。

　　如果上述推论成立，那么进一步增加进行中任务对认知资源的竞争，可能会出现显著的年龄效应。此外，进行中任务的属性和特点直接影响前瞻记忆的加工机制，决定加工是以控制性的还是自动化的方式进行（McDaniel & Einstein，2000；Einstein et al.，2005）。Einstein 和 McDaniel（1990）的研究指出，聚焦加工提高了老年被试的前瞻记忆成绩，很可能在于聚焦条件引导的是相对自动的加工方式。因此，我们推测青少年前瞻记忆发展的年龄效应很可能是由注意转换能力的差异造成的。在非聚焦条件下，青少年需要较多的注意转换以监测目标事件的出现。青少年在非聚焦条件下的成绩应该更差，也就是说，聚焦条件将使青少年的前瞻记忆提取成绩受益更多。因此，Wang 等（2011）除了探索分配注意条件下的中央执行功能在前瞻记忆加工过程中的作用之外，还探究了聚焦线索对前瞻记忆成绩的影响。

　　1. 实验研究：过程与结果

　　实验二共招募 119 名被试，平均年龄为 16.46 岁，女生有 77 名，男生有 42 名。其中，中学组被试有 60 名，来自普通中学，平均年龄为 13.26 岁，女生有

37 名，男生有 23 名；大学组被试有 59 名，均为普通高校非心理学专业在读本科学生，平均年龄为 19.70 岁，女生有 40 名，男生有 19 名。所有被试的智力正常，身体健康，无色盲或色弱，视力经矫正后均达到 1.0 以上。

实验程序用 Presentation 软件编写。被试在计算机上完成实验任务。为了进一步探索分配注意条件下的聚焦线索效应，在该实验中，给一半被试呈现聚焦线索，给另一半呈现非聚焦线索。进行中任务为辨别和确认计算机屏幕上图形的方位是否前后一致。如果方位一致，按键盘上的"V"键；不一致则按"N"键。前瞻记忆任务是当看到目标刺激出现在计算机屏幕上的，按"空格"键。在聚焦条件下，前瞻记忆任务的目标线索为一个具体的图形"#"；在非聚焦条件下，前瞻记忆任务的目标线索为计算机屏幕的背景式样——黄色背景。分配注意任务与实验一相同，即以听力形式呈现的数字材料。指导语如下：请听录音报告的数字，当听到一个数字被连续重复了两次（如 4、7、2、9、1、5、5）时，请口头报告 "一样"。

实验采取 2（年龄：青少年/青年）×2（进行中任务的注意分配水平：有干扰任务/无干扰任务）×2（聚焦线索：聚焦/非聚焦）的被试间设计，旨在研究在两种分配注意条件下，年龄和聚焦线索对前瞻记忆成绩的影响。

呈现前瞻记忆任务指导语之后，正式实验开始之前的干扰任务为 Stroop 色词测验。该测验的实施目的如下：一是起到干扰的作用，使被试不能对前瞻记忆任务进行复述；二是为了对两组被试的抑制能力进行事后比较。测验持续 7 分钟左右。

对前瞻记忆正确率的方差分析表明，年龄主效应显著，中学生被试的前瞻记忆正确率低于大学生被试的正确率；聚焦线索主效应显著，在聚焦加工的条件下，被试的成绩显著好于非聚焦条件下的成绩；分配注意主效应不显著，说明干扰任务并未使被试前瞻记忆正确率下降。同时，年龄和聚焦线索之间的交互作用显著，与大学生被试相比，中学生被试在非聚焦条件下的成绩较差，但在聚焦条件下则几乎与大学生组被试的成绩相同，即中学生被试在聚焦条件下受益更多。

以前瞻记忆反应时为因变量的方差分析结果显示，聚焦线索主效应显著，在非聚焦条件下，被试对前瞻记忆任务的目标刺激反应更快；年龄主效应不显著，大学生被试对前瞻记忆任务目标的反应虽然快于中学生被试，但差别未达到显著水平；分配注意水平的主效应不显著，在有、无干扰条件下，两组被试对前瞻记忆任务的目标反应速度差异不显著。此外，年龄和聚焦线索之间的交互作用显著；在非聚焦条件下，中学生被试的反应时与大学生被试的反应时无显著差异，但在聚焦条件下，中学生被试反应时较长；大学生被试在聚焦条件下的反应时比在非聚焦条件下的反应时有所增加，但未达到显著差异。综合前瞻记忆正确率成绩来分析，虽然在聚焦条件下，中学生被试的正确率成绩上升至大学生被试的水平，其反应时却明显延长了。

再对两组被试进行中任务的成绩进行比较发现，年龄主效应不显著，两组被试前瞻记忆任务的正确率无显著差异；聚焦线索主效应也不显著，但分配注意主效应显著，增加干扰任务之后，被试进行中任务的正确率随之下降。另外，年龄和聚焦线索之间的交互作用显著，中学生被试在非聚焦条件下的进行中任务的正确率较低，在聚焦条件下显著提高；而大学生被试的成绩趋势恰恰与之相反。

进行中任务的反应时结果显示，年龄主效应不显著，中学生被试进行中任务的反应速度比大学生慢，但差别不显著；分配注意主效应也不显著，增加干扰任务条件下的反应速度与基线水平相同；聚焦线索主效应显著，在聚焦加工条件下，被试对进行中任务的操作速度显著快于非聚焦条件；年龄和聚焦线索之间的交互作用显著，中学生被试在非聚焦条件下的反应时较长，但在聚焦条件下则显著变短；而大学生被试的反应时在两种条件下保持不变。

最后，对分配注意任务正确率的分析结果表明，两组被试间的分配注意任务正确率成绩差异显著，中学生被试听力侦查任务的成绩显著好于大学生被试的成绩；两组被试间的 Stroop 色词测验成绩差异显著，大学生被试的分心物抑制能力显著高于中学生被试的能力。

2. 结果分析

研究结果再次验证了 Wang 等（2006）的结论，即青少年期前瞻记忆能力仍在持续发展和提高，青年组（大学生）被试的前瞻记忆能力强于少年组（中学生）被试的能力。研究结果也支持在聚焦加工的条件下，被试的成绩显著好于非聚焦条件下的成绩的结论（Einstein & McDaniel，1990，1995，1997；McDaniel & Einstein，2000），说明聚焦加工诱发的是自动的无意识的前瞻记忆加工方式。同时，这一结果也在年龄和聚焦线索之间的交互作用中得到进一步证实——在非聚焦条件下，两组被试的反应时几乎一样；而在聚焦条件下，大学生被试的反应时显著变短，而中学生被试的反应时显著变长。进行中任务的反应时也存在同样的趋势，即总体上，被试在聚焦条件下对进行中任务的操作速度显著快于非聚焦条件下的速度，但中学生被试在聚焦条件下的反应时显著延长，而大学生被试的反应时几乎不变。

那么，上述年龄效应出现的潜在机制是什么呢？对进行中任务、干扰任务和聚焦加工的数据分析发现，干扰任务并未使被试前瞻记忆正确率成绩呈下降的趋势。这似乎再次验证了先前所提出的理论假设，即青少年前瞻记忆的差异并不完全是由注意资源导致的，而很可能是由转换注意和对目标线索监控能力的不同造成的。由此，在聚焦条件下，少年组被试的反应反而变慢。增加干扰任务之后，被试进行中任务的正确率成绩随之下降，表明被试的注意资源是有限的，增加了干扰任务之后，虽然前瞻记忆成绩并未受损，但进行中任务成绩下降。

对分配注意任务正确率成绩的分析结果表明，两组被试间的分配注意任务正确率成绩差异显著，中学生被试听力侦查任务的成绩显著好于青年组被试的成绩。而且，Stroop 色词测验结果数据分析表明，两组被试间的 Stroop 色词测验成绩差异显著，青年组被试的分心物抑制能力显著好于少年组被试的能力。这似乎再次验证了前述推论，即青少年阶段前瞻记忆年龄效应的存在很可能是由注意转换能力上的差异造成的。这至少说明两个问题：青少年前瞻记忆年龄效应的存在与执行功能的发展有关；青少年可能更依赖于自动加工的前瞻记忆，因而情境要求进行注意资源监测的控制性加工的时候，其成绩较差。

5.3.4　认知方式和情绪对青少年前瞻记忆的影响

如前文所述，前瞻记忆既受到某些认知因素，也受到诸多情绪、人格等非认知因素的影响（Kliegel et al，2005；McDaniel & Einstein，2000）。还有研究者认为，个性和生活方式对前瞻记忆能力有很强的预示作用，甚至超过认知能力本身（Cuttler & Graf，2007）。因此可以推论，认知方式和情绪对青少年基于事件的前瞻记忆可能会产生影响。

认知方式与记忆、注意和元认知等的关系密切，并且影响其信息加工方式等的选择（Kozhevnikov，2007）。前瞻记忆往往需要被试自己监测和识别外在环境中的线索。研究表明，场独立个体和场依存个体之间的回溯记忆成绩无显著差别，但两者之间前瞻记忆成绩的差异明显，前者显著好于后者（李寿欣和宋艳春，2006；李寿欣等，2005）；当前瞻记忆任务与进行中任务的加工类型不一致时，场独立个体的前瞻记忆成绩明显好于场依存个体（李寿欣等，2008）。

而目前为止，情绪对前瞻记忆影响的研究多集中于消极情绪，并存在不同的观点。有研究发现，焦虑水平的提高会损害前瞻记忆成绩（Harris & Menzies，1999；Harris & Cumming，2003；Schmidt et al.，2001）；但另一些研究则未发现这一现象（刘伟和王丽娟，2004；Kliegel et al.，2000），甚至有研究认为提高焦虑水平有益于前瞻记忆成绩（Cockburn & Smith，1994；Nigro & Cicogna，1999）。

主要有两种理论来阐释情绪与前瞻记忆的关系：资源分配理论（Meacham & Kushner，1980）和加工效率理论（Eysenck & Calvo，1992）。前者常被用来解释抑郁对前瞻记忆的影响，而后者则常被用来解释焦虑对前瞻记忆的影响。Eysenck 和 Calvo（1992）认为，情绪对记忆的影响取决于动机和注意。动机水平较高，消极情绪状态下前瞻记忆成绩也可以很好；消极情绪非常消耗注意资源，消极情绪状态下前瞻记忆成绩大大降低。Kliegel 和 Jäger（2006b）进一步区分了抑郁和焦虑对不同类型前瞻记忆任务（基于事件和基于时间的前瞻记忆、自然情景中的前瞻记忆）的影响。结果表明，高焦虑使被试基于事件的前瞻记忆成绩降低，但自然情景中的前瞻记忆成绩反而提高。此外，正如 Kliegel 等（2005）所言，已有的研究大多是临床方面的研究，而少有研究关注正常健康人消极情绪状态下的前瞻记忆能力。

由文献分析可知，前瞻记忆的研究主要沿着三个方向进行：加工机制、终生发展和临床研究（Kliegel & Jäger，2006b）。首先，前瞻记忆的加工机制研究主要通过分析前瞻记忆加工的各种影响因素探究其潜在加工机制，但对认知方式和情绪这两个因素的研究颇少，尤其是前者。尽管已有诸多研究关注积极情绪对回溯记忆的影响，但尚没有研究关注积极情绪对前瞻记忆的影响。其次，发展研究方向主要集中考察前瞻记忆的衰退和早期发展，仍忽视青少年时期的发展。最后，临床视角主要探讨前瞻记忆与临床病症之间的关系问题。基于此，王丽娟等（2010）曾设置三种不同的实验情境，探索下述三个问题：①青少年基于事件的前瞻记忆的发展趋势；②场依存和场独立认知方式对基于事件的前瞻记忆的影响；③积极情绪、中立情绪和消极情绪对基于事件的前瞻记忆的影响。

1. 实验研究：过程与结果

该研究招募 215 名被试，被试来自某普通中学初二和高二各三个班级。其中，初二学生有 113 人，平均年龄为 13.40 岁，女生为 62 人；高二学生有 102 人，平均年龄为 17.65 岁，女生为 70 人。实验采用 2（年龄：高中组/初中组）×2（认知方式：场独立/场依存）×3（情绪：积极情绪/消极情绪/中性情绪）的被试间设计。

研究采用镶嵌图形测验（Embedded Figures Test，EFT，北师大修订版）对被试的认知方式进行测量，同时将该任务作为进行中任务，前瞻记忆任务包含在其中（即如果某一复杂图形下方要求找出某一特定的简单图形是图 2 时，就在这个复杂图形下面划"√"。共有两个前瞻记忆任务）。将学生按得分从低到高排列，得分小于等于 15 分的学生的认知方式为场依存型（共 85 人）；得分大于等于 18 分的学生的认知方式为场独立型（共 90 人）。对比发现，场依存型被试和场独立型被试的 EFT 得分差异显著。

研究通过实验情境的设定引发实验情绪，然后进行镶嵌图形测验。在初、高中组各随机抽取两个班级的被试分别创设积极和消极的实验情境，使被试具有积极和消极情绪，另外一个班级的被试不接受任何实验情境的干预，直接进入镶嵌图形测验。实验通过英语阅读理解试题（约有 50%的生词量）引发消极的焦虑情绪；通过游戏引发积极的情绪。测验由三部分组成，第一部分为练习，第二、三部分为正式测验。

为了检验年龄和认知方式对前瞻记忆成绩的影响，分别对不同组别（高中组和初中组）、不同认知方式（场依存型被试和场独立型被试）的前瞻记忆成绩进行了比较，结果表明，年龄效应不显著；而认知风格效应显著，场独立型被试的前瞻记忆成绩明显好于场依存型被试的成绩。

对三种情绪条件下的前瞻记忆成绩进行了比较，结果表明，不同情绪状态条件下的前瞻记忆成绩差异显著，被试在中性和消极情绪状态下的前瞻记忆成绩均好于积极情绪状态下的成绩，且中性与积极情绪状态、消极与积极情绪状态之间的成绩差异都达到了显著水平，但中性与消极情绪状态下的成绩差异不显著。

为了探讨认知风格和情绪两者如何共同影响前瞻记忆，对数据进行了进一步检验。结果表明，在三种情绪条件下，场依存型和场独立型被试的前瞻记忆成绩差异均显著，场独立型被试的前瞻记忆成绩优于场依存型被试的成绩。

2. 结果分析

在认知风格对前瞻记忆影响方面，本次研究验证了以往的相关结果（李寿欣等，2005，2008；李寿欣和宋艳春，2006），即场独立个体的前瞻记忆好于场依存个体，并且不受情绪状态的影响。已有研究发现，在前瞻记忆的加工过程中，意识参与的程度不一样，相对来说，保持阶段所需的注意资源较少，而其他三个阶段则需要较多的资源来维持较高的激活状态（Kliegel et al.，2004）。不同认知方式个体的前瞻记忆差异很可能是由两者加工效率不同造成的。场独立个体更善于自我提示和协调，在注意资源有限的条件下，能灵活地调配资源，当前瞻记忆线索出现时，能及时击中目标。

在情绪状态对前瞻记忆影响方面，王丽娟等（2010）研究结果与以往的前瞻记忆能力随焦虑水平提高而提高的结论一致（Cockburn & Smith，1994；Nigro & Cicogna，1999），但与 Kliegel 等（2005）的结果不同。Kliegel 等在实验中设置了中立和悲伤情绪状态，结果发现被试在悲伤的消极情绪状态下基于时间的前瞻记忆成绩下降。这可能是由基于事件和基于时间的前瞻记忆本身的差别造成的。基于时间的前瞻记忆需要较多的自我发动的加工过程，比基于事件的前瞻记忆需要更多的注意资源（Einstein & McDaniel，1990）。此外，虽然两个研究所创设的情绪都是消极情绪，但情绪类型不同。如 Kliegel 等所诱发的情绪是悲伤，而王丽娟等所诱发的情绪是焦虑。这说明，不同类型的消极情绪对前瞻记忆的影响是不同的，今后有必要对此问题进行深入的研究和分析。

最后，王丽娟等（2010）研究结果也支持 Eysenck 和 Calvo（1992）提出的加工效率理论，即在消极情绪状态下，可能因为加工效率的提高而出现情绪反转效应。研究中，消极情绪实验涉及了学习成绩，被试很可能为了在测验中获得好成绩而努力完成任务。此外，研究中的前瞻记忆任务比较简单，可能没有和进行中任务发生资源争夺现象。所以，消极情绪状态下的前瞻记忆成绩不但未受损，反而显著好于积极情绪状态下的成绩。而且，有研究表明，消极情绪使人对事物的细节加工得更好（Forgas & East，2008），这也说明在某些情况下，消极情绪并不一定会降低认知加工效率。

5.3.5　焦虑情绪对青少年前瞻记忆的影响

情绪和记忆的关系是认知心理学研究的传统课题，以往的研究多集中在各种情绪状态下不同回溯记忆内容的保持、提取的状况，并发展出情绪依存性理论、迁移适当加工理论（Morris，1977）等情绪与回溯记忆关系的理论。20 世纪 90 年代中期以来，随着前瞻记忆成为记忆研究的热点，研究者对不同情绪状态影响前瞻记忆成绩也有所涉及，如病理性抑郁与基于时间的前瞻记忆的关系（Rude et al.，1999），以及正常人的焦虑、抑郁情绪对前瞻记忆的影响等（Harris & Menzies，1999）。但与情绪和回溯记忆关系的研究相比，情绪与前瞻记忆关系的研究不论在数量上还是在深度上都处于起步阶段。刘伟和王丽娟（2004）探讨了焦虑情绪对青少年前瞻记忆的影响。

1. 研究过程

该研究中，实验材料共有三种：材料 1 是类似于自陈量表的自编问卷，共60 题，其中 20 题摘自张拓基和陈会昌（1985）所编的气质量表，20 题为完整的特质焦虑自我评定问卷表（Spielberger，1983，叶仁敏翻译修订），另外 20 题为自编的前瞻记忆自我评价问卷。问卷由女声用普通话读出并录音，项目之间相隔时间为 4 秒钟，供被试根据自己的情况选择答案。同时提供让被试选择项目答案的答卷纸，每一题目都为四级记分，如"从不，有时，经常，总是"。在答卷纸上印有指导语，指导语对测验的性质不做说明。

实验中被试的工作任务是：在听到录音机读出的每一个项目后，根据自己的实际情况，在答卷纸上选择四级记分的四个选项中的一项，并在选中的选项后打上一个"√"。前瞻记忆任务是：若听到录音机读出的某个项目包含有否定词"不"，则在答卷纸上选择符合自己情况的选项时打两个"√"，表示选中。在问卷的 60 个题目中，共有 20 个题目包含有否定词"不"，且这 20 个题目随机分布。在指导语中，只说明被试要完成的工作任务和前瞻记忆任务，不强调任何一种任务的重要性。

材料 2 是类似自陈量表的自编问卷，共 60 题，其中 20 题为表达对即将到来的期末考试担心的内容，用以引起被试的焦虑情绪；20 题为完整的状态焦虑自我评定问卷表（Spiedberger，1983，叶仁敏翻译修订）；另外 20 题为自编的前瞻记忆自我评价问卷。材料 2 的其他方面与材料 1 相同，包含有否定词"不"的题目的分布也相同。

材料 3 是将材料 1 中的 6 个无否定词"不"的题目，换成难度中等、但需要动脑思考才能解决的数学心算题，如"2 加 2 等于 2 乘以 2。还有哪个数能组成这样的等式？""97 是质数吗？"等。其他题目与材料 1 相同。这 6 个题目在全部 60 题中均匀分布，即每隔 10 题出现一个。答卷纸也做相应的改变。前瞻记忆任务与材料 1 相同。

招募普通高校非心理学专业三个班级的本科三年级学生 152 人为大学生组被试，其中男生有 44 人，女生有 108 人，年龄为 19～22 岁；招募普通中学初中三年级三个班的学生 85 人为初中生组被试，其中男生有 34 人，女生有 51 人，年龄为 13～16 岁。所有被试均未参加过此类实验。

研究采用两因素随机实验设计，初中三个班级和大学三个班级的被试各以班级为单位，随机分配使用上述三种不同实验材料进行测验，根据所使用测验材料的不同，分别称为测量特质焦虑的对照组（第 1 组）、引发状态焦虑组（第 2 组）、增加工作任务难度组（第 3 组）。即初中生和大学生被试各三组，共六组。

实验以班级为单位集体进行。每组实验过程如下：①发放测验材料的答题纸，带领被试阅读印在答题纸上的指导语，确保每一位被试都能理解答题要求；

②播放录音，被试听录音并按要求答卷；③答卷完毕，回收答卷纸；④统计分析。

前瞻记忆成绩的记分方法为：每一个正确反应记一分，满分为 20 分。前瞻记忆自我评价问卷的计分方法为：正向计分题的四个不同选项计分为 4、3、2、1，反向计分题为 1、2、3、4。得分越高表示自我评价越好；特质焦虑和状态焦虑的计分按照量表要求进行。

2. 结果与分析

刘伟和王丽娟（2004）的研究结果显示，前瞻记忆成绩与特质焦虑和状态焦虑的相关不显著，而 Harris 和 Menzies（1999）的研究结果则显示前瞻记忆与焦虑情绪有显著的负相关，与抑郁情绪无关。Harris 和 Menzies 的研究以大学一年级学生为被试，用对单词的联想作为工作任务，前瞻记忆任务为让被试对出现的目标词做标记，并在进行前瞻记忆测试后再运用抑郁-焦虑-压力量表（The Depression Anxiety Stress Scales，DASS）（Lovibond P F & Lovibond S H，1995）确定被试的情绪状态。因此，刘伟和王丽娟的研究在实验程序、前瞻记忆与工作任务的性质、测量焦虑情绪状态的工具、被试的年龄等方面，都与 Harris 和 Menzies 的研究有着明显区别，这也许是两项研究结果互相矛盾的主要原因。

从实验结果看，前瞻记忆的自我评价与前瞻记忆成绩也没有显著的相关，只有特质焦虑水平和前瞻记忆的自我评价相关显著，说明主体对前瞻记忆的自我评价往往缺乏客观性，所采用的评价标准更多地受个性中的特质所支配。另外，在第二组被试的测试材料中加入了与担心即将到来的考试有关的内容，旨在增加该组被试的状态焦虑程度，以更有效地比较焦虑与前瞻记忆的关系。但从结果来看，其并未显著增加该组被试的状态焦虑程度，这可能与学生对考试这一事件的耐受程度高有关，也可能因为其只是单纯提及而不是让学生实际面对考试，对状态焦虑程度的增加作用不大。实验后对学生的访谈结果也证实了该推论。但从前瞻记忆的成绩上看，第二组被试的成绩又显著低于第一组（控制组）的成绩，通过访谈得知，有关对考试担心的实验材料虽未增加状态焦虑程度，但却引起了被试的关注，产生了注意分散。而注意分散实际意味着更多注意资源被占用，会导致前瞻记忆成绩的下降（Einstein et al.，1997）。但即便如此，在以焦虑分数和前瞻记忆成绩的相关为指标进行统计分析的情况下，研究结果的准确性并不受影响。

5.3.6　其他研究

除上述研究外，也有研究涉及了其他因素对青少年前瞻记忆发展的影响。一项研究关注了心理理论及执行功能对青少年前瞻记忆的影响（Altgassen et al.，2014）。实验的被试为 42 名青少年（平均年龄为 13.55 岁），被试需要完成的进行中任务为单词元音数量比较任务，前瞻记忆任务为对 "dancing" "cleaning" "crying" 三个单词先按下空格键，再判断元音数量。研究结果表明，前瞻记忆的发展与心理投射、个体的自我调节存在相关，因为心理理论、执行功能的转换成分分别对青少年的前瞻记忆存在预测性。

已有研究极少关注青少年基于时间的前瞻记忆的发展机制。窦刚和翁世华（2009）探究了时间管理倾向对 80 名初三学生（平均年龄为 15.06 岁）基于时间的前瞻记忆的影响。结果发现，虽然从前瞻记忆的平均得分来看，时间管理倾向高分组被试在各种条件下的得分都要略高于低分组的得分，但方差分析结果显示，时间管理倾向并没有对前瞻记忆产生显著影响。而前瞻记忆成绩与时间管理倾向总分的相关分析表明，两者之间存在显著的正相关。研究者认为，时间管理作为一种辅助手段，可以有效提高个体基于时间的前瞻记忆能力，但是个体的时间估计能力以及环境等因素会制约个体时间管理能力的表现。

另一项研究探讨了胎儿期接触毒品的青少年基于时间和基于事件的前瞻记忆与认知能力的关系，以及前瞻记忆认知加工过程中的脑区变化（Robey et al.，2014）。研究以 105 名平均年龄为 15.5 岁的青少年为被试，其中 59 名为胎儿期接触毒品者，另外 46 名则无此经历。在控制了被试年龄、性别、种族以及社会经济地位后，分别测量了被试的前瞻记忆、执行功能、注意力、工作记忆、回溯记忆和一般智力情况，并使用了核磁共振设备对 52 名被试的大脑活动进行了扫描。结果发现，青少年被试的前瞻记忆成绩与回溯记忆成绩、执行功能中的抑制和转换能力都存在显著相关，而且前瞻记忆与前额叶、顶叶、颞叶的容积和厚度均存在相关。但该研究并未发现前瞻记忆受胎儿期接触毒品的影响，并且在其结果统计中，也未对基于时间和基于事件的前瞻记忆表现进行区分。

5.4

本 章 小 结

虽然在前瞻记忆的研究领域中，探究青少年前瞻记忆发展机制的实证性文献较少，但从本章介绍的相关研究结果看，以往研究均支持前瞻记忆在青少年期仍在持续发展的结论。但现阶段，该领域的研究数据尚不足以描绘青少年前瞻记忆能力发展的轨迹，仍需后续研究进行更加丰富的论证和分析。

另外，从本章列举的相关研究中也可看出，任务重要性、干扰和聚焦效应、认知方式与情绪等因素都会对青少年的前瞻记忆产生影响。与此同时，青少年正处于身心迅速发展的特殊时期，上述因素并不能完全诠释青少年前瞻记忆的发展机制，已有研究也未从前瞻记忆自身加工的四个阶段进行整体探索。所以，后续研究应从多角度、多方面、多阶段对青少年前瞻记忆的内在加工机制问题进行论证。

第 6 章

老年人的前瞻记忆：真的
衰退了吗？

　　前瞻记忆在老年人维持正常生活、提高生活质量等方面起着重要的作用，所以，前瞻记忆老化，即老年人前瞻记忆的衰退现象，也一直是前瞻记忆研究领域中最受关注的热点问题之一。研究者之所以对前瞻记忆老化现象及其机制特别关注，主要有以下三方面原因。第一，前瞻记忆老化研究有一定的现实意义。日常生活中，虽然人们都注意到年轻人与老年人在前瞻记忆事件中的表现存在较大差异，即老年人的前瞻记忆能力不如年轻人，但这一现象能否通过严格的实验研究加以证实、其背后的原因与机制是什么、能否使用有针对性的方法策略通过训练改善老年人日常前瞻记忆等问题，尚未有定论。第二，前瞻记忆年龄效应的研究结果存在着"年龄-前瞻记忆"悖论（Schnitzspahn et al., 2011），即老年人前瞻记忆能力并非总是不如年轻人，然而这一矛盾还没有得到合理、全面的解释。在运用日常范式的诸多研究中，老年被试的前瞻记忆成绩好于年轻被试的成绩，而一些实验室研究的结论则发现年轻被试的成绩好于老年人被试的成绩。也有一些研究结论是两者没有区别（Henry et al., 2004）。研究结论的不一致性激发了研究者进一步探索的热情。第三，前瞻记忆老化的研究能为进一步揭示前瞻记忆的深层加工机制与影响因素提供依据。例如，Maylor（1996）发现，如果前瞻记忆任务和进行中任务的性质较为一致，则前瞻记忆往往不存在年龄差异；当两者的性质与要求差别较大时，则会出现年龄差异。研究者推测，两种任务的一致性变化之所以能导致年龄效应的变化，是因为前瞻记忆任务的完成需要一个从进行中任务向前瞻记忆任务即时转化的过程。这是前瞻记忆不同于其他记忆的显著特点之一。

6.1

老年人前瞻记忆研究的现状

6.1.1　实验室范式下的老龄化研究

如前所述，多数实验室范式的老龄化研究都得出了老年人的前瞻记忆水平低于年轻人的结果。为探讨其中的认知机制，研究者在实验中引入了不同的变量。

1. 任务情境

前瞻记忆实验室范式研究的最突出特点是设置进行中任务和前瞻记忆任务的双任务，而任务情境是指前瞻记忆任务在双任务情境下的设置特点，如两种任务的关系、对某一任务重要性的强调等。

首先，从双任务的认知特点看，当双任务所要求的认知加工一致时，前瞻记忆的年龄差异并不会出现，而所要求的认知加工不一致时则会出现。例如，进行中任务为判断配对名词是否属于同类物品，前瞻记忆任务为遇到其中特定种类的配对词时做出反应，则双任务都以语义判断为基础，即是认知过程一致；若进行中任务为知觉任务（如判断汉字的笔划数量），前瞻记忆任务为语义任务，就会出现前瞻记忆的年龄效应（王青等，2003）。其次，在双任务不同的负载关系下的年龄效应也有不同表现。有研究表明，增加进行中任务负载时，年轻被试的前瞻记忆成绩好于老年被试的成绩，特别是在提取时若增加负载，这种年龄效应更为显著（Einstein et al.，1997）。

　　而操纵进行中任务的负载时则发现，在低负载的进行中任务条件下，老年被试在完成基于时间的前瞻记忆任务时，查看时间的次数高于年轻被试，而在高负载的进行中任务条件下，虽然两组被试查看次数相当，但老年被试完成前瞻记忆任务的时间精确性较差（Mäntylä et al.，2009）。与此类似的另一项研究也操纵了进行中任务的复杂性（100 以内的加法运算为简单任务，100~1000 的加法运算为复杂任务），结果表明，老年被试的前瞻记忆能力明显低于年轻被试的能力，进行中任务的复杂性对年轻被试没有影响，老年被试基于事件的前瞻记忆在复杂任务下更好（d'Ydewalle et al.，2001）。还有一项通过操控前瞻任务的复杂性的研究结果显示，任务复杂性与年龄的交互作用显著，在简单任务条件下，前瞻记忆并没有表现出年龄差异；但在复杂任务条件下，老年人的前瞻记忆较差（Einstein et al.，1992）。

2. 任务性质

　　在前瞻记忆老化研究中引入的任务性质变量，是指前瞻任务的材料内容、呈现方式等方面的特点。研究者具体考察了前瞻记忆线索的特异性、规律性和突出性等的影响。

　　前瞻记忆线索的特异性是指靶线索的具体、确定程度。Cherry 等（2001）通过三个实验发现，若前瞻任务的靶线索特异性较强，即靶目标为具体的对象，如狮子、大象等具体的动物名称，则前瞻记忆并没有出现年龄差异；但当靶线索为非特异（如靶线索是所有动物名称的词）性时，年轻被试的成绩好于老年被试的成绩。类似地，在完成规律性的前瞻记忆任务（即在每天的固定时间完成）时，年轻被试和老年被试的成绩没有差别；而在无规律前瞻记忆任务（每天完成的时间不同）中，老年被试的成绩低于年轻被试的成绩。

　　也有研究者将前瞻记忆线索的突出性（即前瞻记忆线索是否区别显著）引入前瞻记忆老年化的研究中。Einstein 等（2000）发现，在前瞻记忆线索以突出特点首次出现的情况下，被试前瞻记忆的年龄差异明显，且老年被试的成绩低于年轻被试的成绩；另一项操纵前瞻记忆线索突出性（特异性）的研究也发现，线索突出性影响了前瞻记忆的年龄差异，而这种差异主要表现在前瞻成分上（陈思佚，周仁来，2010）。

3. 任务类型

根据最常见的分类，前瞻记忆可分为基于时间和基于事件的前瞻记忆两大类。研究表明，两类前瞻记忆任务在老化上表现出不同的特点，老年人基于时间的前瞻记忆比基于事件的前瞻记忆更多地落后于年轻人。例如，一项研究发现，老年人在基于时间的前瞻记忆任务上的表现较差，而在基于事件的前瞻记忆任务上与年轻人成绩相当（Einstein et al.，1995）。另一项研究也发现，两类前瞻记忆都存在老年人成绩低于年轻人成绩的现象，而在基于时间的前瞻记忆上，两组相差更大（Park et al.，1997）。其他一些实验室范式的研究也都得出了类似的结果（Martin et al.，2003；Maylor et al.，2002；Rendell & Thomson，1993，1999）。

6.1.2 自然情境范式的老年化研究

由于在自然情境中引入和精确操控变量较为困难，所以相关的前瞻记忆老化研究较少。这些研究主要涉及外部线索和被试生活特点对老年人日常前瞻记忆执行能力的影响。

1. 外部线索

完成自然情境中前瞻记忆任务所使用的外部线索主要是指外部提醒、线索提示等辅助手段。在一项研究中，研究者以 86 名老年人为被试，考察了年龄、前瞻记忆任务的复杂性、自我评价、记忆功能知识、回溯记忆、外部记忆辅助、内部记忆策略等因素对被试自然情境下记忆的影响。研究者让被试使用移动电话，在 7 天内 21 次拨打指定的号码，涉及基于时间、基于事件、短时和长时前瞻记忆任务。结果表明，在复杂前瞻记忆任务下，外部提醒的作用最明显，而其他因素对前瞻记忆没有影响。这说明在自然情境下，老年人倾向于使用外部辅助弥补因年龄造成的记忆退化（Masumoto et al.，2011）。而 Dobbs 和 Reeves（1996）的实验选择了日常生活中常见的四种类型的前瞻记忆任务，记录年轻和老年被试以何种方式完成四种前瞻记忆任务。结果证明，被试会根据前瞻记忆类型来选择线索。例如，对于基于时间的情境记忆，被试一般选择外部线索；无论是基于时间的情境记忆或是基于事件的习惯性记忆，老年人和年轻人在选择线索方面均没有差异，但老年人明显更容易选择外部线索。

2. 日常生活特点

由于老年人与年轻人的日常生活内容、习惯等有很大差别，研究者自然而然地探索了日常生活特点在日常情境前瞻记忆老化中的作用。Schnitzspahn 等（2011）在研究中，给被试布置的自然情境中的前瞻记忆任务为在三天内每天发送两次手机短信。同时，研究者还使用问卷测量动机、日常生活卷入（压力）和元记忆水平（被试对自己完成前瞻记忆任务确信程度的判断）对前瞻记忆的影响。结果发现，老年组被试在自然前瞻记忆任务中的表现好于年轻组被试，而在实验室前瞻记忆任务中，年轻组被试的表现更好。研究者认为这种年龄益处与老年人具有较高的动机水平和更高的前瞻记忆自我评估能力有关。然而，更为重要的，日常生活卷入完全消除了这种前瞻记忆年龄差异。而在另一项研究中，研究者要求年轻被试和老年被试说出一周内将要完成的活动（工作、约会或其他活动），并对活动的重要性与发生频度进行评估；一周后，再要求被试回忆本周的活动并记录，还要由被试对照一周前的记录，标记出哪些活动已经完成，并说明哪些活动是一周前的记录中所没有的，但在实际活动中完成了的。结果表明，尽管老年被试在回忆活动中的表现较差，实际却完成了更多的意向活动。这表明老年被试并不完全依赖对意向的回忆来完成前瞻记忆任务，由于两组被试在报告外部线索辅助方面也没有差异，所以可能是老年被试的日常生活更加结构化，善于使用进行中任务的序列性来支持前瞻记忆任务的执行（Freeman & Ellis，2003）。

另外，"按时服药"这一前瞻记忆任务对患者的健康影响较大，也是相关领域研究的一个热点问题。一项研究发现，日常事务因素对老年和年轻被试按时服药的影响存在差异，在日常事务较忙碌时，年轻被试更能记得服药，而老年被试则相反（Neupert et al.，2011）。

3. 任务特点

有两项研究表明，任务特点与老年人与年轻人自然情境中的前瞻记忆差异有关。Bailey 等（2010）让年轻和老年被试使用个人数码助理（personal digital assistant，PDA），在日常情境中完成两个前瞻记忆任务：任务一是得到提醒后即开始运行 PDA 上的样例程序；任务二是在 PDA 上完成一个模拟实验室范式下的前瞻记忆任务（回答问题，并对大写单词的问题做出特定反应）。研究认为，由于这两个任务都是在日常情境中完成的，所以，如果"年龄—前瞻记忆"悖论（见引言部分解释）与实验情境有关，那么年轻组和老年组被试在这两个任务上的区别应该一致。但结果表明，老年组被试在任务一上的表现较好，而年轻组被试则在任务二上的表现较好。这表明，"年龄—前瞻记忆"悖论与实验情境无关，而与进行中任务的性质有关。在另一项研究中，研究者将被试按年龄分为年轻组（18～30 岁）、年轻老年组（61～70 岁）和老年组（71～80 岁），让他们完成几项实验室和自然情境中的前瞻记忆任务。结果发现，在实验室情境中，年轻被试基于事件的前瞻记忆成绩高于老年被试的成绩，但两组在自然情境下的前瞻记忆（在家中完成问卷时在左上角写下日期和时间，在实验完成时取回物品）表现没有区别。有研究认为，年轻人与老年人在自然情境和实验室中前瞻记忆表现的矛盾可能取决于实验室和日常任务中进行中任务的要求，而非实验情境（Kvavilashvili et al.，2013）。

6.1.3　前瞻记忆老年化的认知神经科学研究

运用认知神经科学方法对前瞻记忆的老化进行分析并与行为研究结果相互印证，能从更深入的层面对前瞻记忆的衰退机制进行解释。

West 等（2003）比较了在前瞻记忆的意向形成和意向实施两个环节中，老年被试与年轻被试脑电的区别。结果发现，与年轻被试相比，老年被试在意向形成阶段额叶慢波激活减弱，颞顶慢波激活变大；而在前瞻线索识别阶段，老年被试的 N300 和额叶慢波的激活程度都较年轻被试更小；但是，与前瞻任务中回忆过程相关联的顶叶正波不存在年龄差异。另一项 ERP 研究也得出了类似结果（West et al.，2002）。这些研究结果表明，前瞻记忆年龄效应的老化机制在于：在意向形成（编码）阶段，老年被试的意向编码能力较低；在意向实施阶段，老年被试提取前瞻线索和从进行中任务转向前瞻记忆任务的能力也降低，而与前瞻记忆中的回溯记忆成分无关（West et al.，2003）。这与 West 参与的另一项研究结果类似，即老年被试的 N300 波幅小于年轻被试的 N300 波幅（West & Covell，2001），表明前瞻记忆的年龄差异是由线索探查能力的差别所致。

另有两项研究是从前瞻记忆毕生发展的角度开展的。Zöllig 等（2007）使用 ERP 手段对比了少年、青年和老年被试的前瞻记忆执行能力差异。从实验结果看，三个年龄段被试的前瞻记忆呈倒 U 形发展，即青年组成绩最好，少年和老年组成绩较差。前瞻记忆线索出现后的 ERP 分析表明，不同年龄段被试前瞻记忆加工过程存在差异，源定位分析也显示各年龄组的神经参与方式不同。研究者据此推断，不同年龄个体的加工方式不同是导致前瞻记忆水平在毕生发展中起落的原因。Mattli 等（2011）的研究也得出了相似的结论。研究者将 99 名 7.5～83 岁的被试分为儿童组、青年组和老年组，在完成前瞻记忆实验室任务的同时收集被试的脑电活动数据，经分析发现，老年组与年轻组的前瞻记忆准确性相差明显，神经生理指标的差别却不明显。研究认为这主要是由老年人在注意或预备加工过程中出现疏忽所导致的，即老年人在线索的探查方面不如年轻人。

6.2

老年人和年轻人前瞻记忆差异的机制

在大量实证研究的基础上，研究者对老年人与年轻人前瞻记忆差异的机制进行了探讨，主要从一般工作记忆、工作记忆之外的其他认知能力、完成前瞻记忆的社会动机等主观因素几个方面对这一差异加以解释。

6.2.1　一般工作记忆

一些研究推测，工作记忆的衰退是老年人在完成实验室范式前瞻记忆任务时表现较差的原因。Kliegel 等（2000）发现，年轻被试完成系列复杂前瞻记忆任务的能力高于老年被试的能力，结合两组被试工作记忆能力测试的结果，研究者认为这种年龄差异主要与工作记忆和抑制功能有关。另外，根据 West 和 Craik（2001）的研究结果，年轻组被试的前瞻记忆表现优于老年组被试，且老年组被试前瞻记忆的失败主要是漏报型的。研究者再对认知测验的结果进行回归分析发现，老年组被试的工作记忆以及加工速度、抑制控制等是导致其前瞻记忆成绩下降的主要因素。另一项研究比较了老年被试和年轻被试的习惯性前瞻记忆，根据实验和认知测试的结果，老年组被试更多地会犯重复和漏报的错误，且主要在分心状态下产生。研究也认为这是由老年被试的工作记忆（认知资源）和时间辨别能力下降所导致的（Einstein et al.，1998）。另有研究以阅读句子并回答相关问题为进行中任务，以对大写的单词做出特定反应为前瞻记忆任务，操纵了前瞻反应延时（对前瞻记忆目标反应的延时）和分心（是否有数字监听任务）两个变量，结果发现老年被试在完成前瞻记忆任务时能从延时中获益。这也可用工作记忆资源的分配和使用来解释（McDaniel et al.，2003）。

6.2.2　其他认知能力

也有一些研究者用工作记忆之外的其他认知能力的衰退解释老年人实验室前瞻记忆的下降。例如，Cherry 和 LeCompte（1999）引入了"能力"这一变量，包括受教育年限、职业状态、身体健康、词汇水平等诸多因素，发现低能力年轻组的前瞻记忆成绩显著高于低能力老年组的前瞻记忆成绩，而高能力年轻组与高能力老年组的成绩没有差别。因此，他们认为，早期 Einstein 和 McDaniel（1990）的研究之所以没有发现前瞻记忆的老化效应，很可能与招募的被试都具有较高的受教育水平有关。Huppert 等（2000）研究了 11 956 名 65 岁以上的老年人，该研究通过逻辑回归分析显示，前瞻记忆成绩与年龄有非常强的线性相关；受教育水平和社会地位相对较低的男性老年被试的前瞻记忆成绩较差。另一项研究测量了年轻和老年被试的 12 项认知能力，并让被试完成四项不同的前瞻记忆任务。研究结果验证了实验室情境下的前瞻记忆任务存在年龄差异，同时还发现执行功能、情景记忆、加工速度与前瞻记忆显著相关（Salthouse et al.，2004）。Brom 等（2014）的研究也发现，对于流体智力水平低的老年被试来说，认知策略更能提高其前瞻记忆成绩，表明前瞻记忆老化可能与流体智力有关。

West 和 Craik（1999）用"意向瞬脱"来解释老年人前瞻记忆的退化。研究者发现，被试在完成前瞻记忆任务时存在着"遗漏"和"恢复"的现象。在这里，"遗漏"是指对一个前瞻记忆目标做出正确反应之后，却对后一个前瞻目标产生了漏报；"恢复"是指对一个前瞻目标漏报之后，却对下一个前瞻目标进行了正确反应。研究者认为"遗漏"和"恢复"即是"意向瞬脱"的表现，"意向瞬脱"可解释老年人前瞻记忆退化的机制。

而前述老年人在基于时间的前瞻记忆任务上的衰退比其在基于事件的前瞻记忆任务上的衰退更明显，研究者一般用老年人时间监控能力的退化来解释。例如，Jáger 和 Kliegel（2008）对老年和年轻被试的实验数据和认知测试成绩进行了回归分析，发现基于时间的前瞻记忆的年龄差异与被试对时间的监控密切相关，而与其他认知因素的相关不明显。

最后，抑制功能也与实验室范式下前瞻记忆的老化有关。Scullin 等（2012）发现，当前瞻记忆任务结束，在随后的任务中不再需要被试对靶目标进行前瞻记忆反应时，老年被试会比年轻被试表现出更多的误报现象，这可能是由老年被试抑制控制功能退化所引起的。而另一项研究也通过测试发现，前瞻记忆的年龄差异与执行功能中的转换和抑制控制能力的关系最为密切（Schnitzspahn et al.，2013）。

6.2.3　社会动机等主观因素

还有一些研究认为，无论是实验室范式还是自然情境范式的前瞻记忆任务，都会受到个体完成前瞻任务动机的影响，而老年人和年轻人动机特点的差异可能是前瞻记忆产生老化效应的原因之一。

在一项研究中，研究者通过诱发年轻和老年被试高社会性动机（告知他们前瞻任务是为了收集其在两分钟内完成任务数量的数据，以用于将来的研究，要求被试一定要完成）考察社会动机对前瞻记忆老化的影响，研究结果表明，虽然总体上看，年轻被试的前瞻记忆成绩优于老年被试的成绩，但老年被试在高社会动机条件下的表现好于低社会动机条件下的表现，而年轻被试在两种社会动机水平条件下的前瞻记忆成绩却没有显著差别。即该研究发现，社会动机降低了前瞻记忆的老化效应（Altgassen et al.，2010）。在另一项类似的研究中，研究者以"有机会得到物质奖励"作为高动机组的诱因（低动机组无此诱因）。研究结果表明，在高动机组，老年被试与年轻被试的前瞻记忆表现没有区别，而低动机组老年被试的前瞻记忆表现则好于年轻被试的表现，说明在没有外在动机诱发时，老年被试完成任务的动机较高（Aberle，Rendell，Rose，McDaniel & Kliegel，2010）。

对任务重要性的评价与动机是联系在一起的。Rendell 和 Thomson（1999）认为老年人自然情境前瞻记忆优于年轻人，是由于他们对任务更加重视，即对日常生活中前瞻记忆任务重要性的认识是对年龄差异的最好解释。Kvavilashvili 和 Fisher（2007）的研究也支持了这一观点。研究者通过量表测量了年轻和老年被试完成前瞻记忆任务的内部动机，还对动机进行了诱发，即告诉高动机组被试此研究关注时间的准确性，所以完成前瞻记忆任务（在指定时间的前后十分钟内打电话）很重要，否则将被排除在有效样本之外，此前的记录也将作废。实验结果表明，老年被试完成任务的情况好于年轻被试。

还有一项研究得出了较有特色的结论，即老年人日常情境中的前瞻记忆好于年轻人，可能与老年人随年龄增长而增强的责任心有关。Cuttler 和 Graf（2007）使用大五人格量表（NEO Personality Inventory- Revised，NEO PI-R）等工具测量了 81 名 18～81 岁的被试，并布置了两个实验室中的和一个自然情境中的前瞻记忆任务，即问卷任务（翻看一些问卷，并记得在最后一页写上自己最感兴趣的问卷的名字）、插回电话线任务（在实验阶段开始时主试拔下电话线，并让被试在实验结束时提醒自己插回电话线）和电话确认任务（告诉被试一周后要进行一个电话访谈，并让被试在电话访谈的前一天给主试打电话确认）。结果表明，从 40～49 岁被试组开始，其自然情境中的任务（电话确认任务）的成绩即随着年龄增长而提高，而"尽责性"得分与此任务成绩显著相关。研究认为，责任心强的人会更仔细地制定计划，所以其前瞻记忆任务成绩较好，即老年人的责任心强是其在自然情境中前瞻记忆表现较好的原因。

如上所述，研究者从一般工作记忆、工作记忆之外的其他认知能力以及社会动机三个方面对前瞻记忆的老化机制进行了探讨，但这些因素显然不能概括这种衰退的所有方面。例如，在其他记忆类型的老化研究中，有研究者注意到，自我评价及对别人看法的担心等主观因素会影响其记忆的表现水平（Hess et al.，2009），即"刻板印象威胁"这一社会心理因素起到了很大作用。Hess 等研究者对 103 名 60~82 岁的老年人进行了计算广度、自由回忆、焦虑水平、污名意识等测试，他们告知诱发刻板印象威胁组的被试：本研究旨在考察为何不同年龄者的记忆力差异如此巨大，并请他们在纸上写下自己的年龄。结果表明，诱发刻板印象威胁对被试的记忆表现产生了影响，特别是对较年轻老年人（60~70岁）的影响更明显，且受教育程度较高的老年人比受教育程度较低的老年人受到的影响更大。但到目前为止，在前瞻记忆老化的研究中，研究者并没有涉及类似的社会心理因素，这也是将来研究需要考虑的一个方向。

另外，也有少量实验室范式的研究发现，年轻人与老年人的前瞻记忆没有显著差异。例如，在 Einstein 和 McDaniel（1990）所开创的前瞻记忆实验室范式的研究中，在 Reese 和 Cherry（2002）引入了老年与年轻被试能力变量的研究中，以及在 Scullin 等（2011）采用意向干扰范式的研究中，研究者都得出了这一结论。这些都说明，关于老年人与年轻人前瞻记忆能力差异机制的探讨还有漫长的路要走。

6.3

前瞻记忆老化的理论

在上述前瞻记忆老化及其机制探讨的研究基础上，有研究者总结了前瞻记忆老化的核心影响因素和规律，形成了相关的前瞻记忆老化理论假设。目前，这类理论假设主要包括回溯成分说和认知资源限制说（刘伟和王丽娟，2006）。

6.3.1 回溯成分说

回溯成分说是在前瞻记忆的两种心理成分及注意/差异＋搜索模型基础之上提出的理论观点。McDaniel 和 Einstein（1993）认为，一个成功的前瞻记忆是由两部分组成的：一是前瞻成分，即记住在探查到前瞻记忆线索时激发和执行意向，做出前瞻反应；二是回溯成分，即从记忆中提取具体的意向内容。而根据注意＋搜索模型，"注意"表示在熟悉的基础之上，对前瞻记忆线索的探查；"搜索"则表示在探查基础上，为完成前瞻任务而进行的定向搜索过程，并从记忆中提取有关意向内容（Einstein & McDaniel，1996）。由此可见，在注意/差异＋搜索模型中，"注意"主要与前瞻成分有关，"搜索"主要与回溯成分有关。

回溯成分说认为，老年个体可控制的定向搜索能力下降导致了前瞻记忆成绩的降低，而注意过程是一个更加自动化的过程，对年龄差异影响不大。因此，前瞻记忆能力随年龄增长而降低，主要是由前瞻记忆中与回溯成分有关的能力降低所导致的，而不是前瞻成分。与回溯成分相关的加工可能是理解儿童到青年期前瞻记忆发展的关键因素（Smith et al.，2010）。同样，根据简单激活模型，前瞻记忆的提取是自动化的过程。可以推测，老年人前瞻记忆的下降可能与意向编码的能力、正确性等有关，即与前瞻记忆的回溯成分的相关加工的降低有关（Einstein et al.，1992；Zimmermann & Meier，2006）。这一假说也得到了一些实验研究的支持。例如，Einstein 等（1992）的研究发现，在完成前瞻记忆任务后，年轻被试能回忆出 90%的前瞻记忆线索，而老年被试只能回忆出 62%的前瞻记忆线索，两组被试的前瞻记忆成绩和前瞻记忆线索回忆成绩之间相关显著。另一项研究也发现，在单一前瞻记忆线索任务中失败的被试，只能回忆出不到一半的前瞻意图，其中老年人对前瞻记忆线索的外显记忆不如年轻人（Schaefer et al.，1998）。

6.3.2　认知资源限制说

认知资源限制说假设个体完成每一项任务都需要运用心理认知资源（Cowan et al.，2005；Navon & Gopher，1979）。同时操作几项任务可以共用心理认知资源，但是人的认知资源是有限的，对任务的识别加工需要占用认知资源，加工任务越复杂，占用的认知资源就越多（彭聃龄，2001）。只要同时进行的两项任务所需要的认知资源之和不超过人的心理资源的总量，那么，同时进行这两项任务也是可能的。认知资源限制说是建立在多重加工模型和多项加工树状模型基础之上的理论假说。根据多重加工模型，较复杂的前瞻记忆任务需要策略加工的参与，而策略加工是一种控制加工，需要占用一定的认知资源，老年人认知资源不足导致了前瞻记忆成绩的下降。而根据多项加工树状模型，预备注意加工和记忆加工都属于非自动化的控制加工，都需要占用认知资源，因此老年被试的前瞻记忆成绩较控制组差。

认知资源限制说能够较广泛地解释前瞻记忆年龄效应的机制。一些针对青少年前瞻记忆发展的研究发现，当存在高度注意和策略加工需求时，青少年的前瞻记忆表现差于年轻人的表现。因此可以推论，随着个体执行功能的发展，前瞻记忆的前瞻成分的作用提高而且线索探测的功效也更大。由于年龄差异，与年轻人相比，青少年的前瞻成分没有完全发挥作用（Altgassen et al.，2014；Bowman et al.，2015；Wang et al.，2011；Zimmermann & Meier，2006；Zöllig et al.，2007）。与前瞻成分有关的执行控制加工的发展体现出 7～12 岁儿童前瞻记忆能力提高的主要发展轨迹（Ceci et al.，1988；Kerns，2000；Zimmermann & Meier，2006）。而与回溯性成分相关的加工可能是理解儿童到青年期前瞻记忆发展的关键因素（Smith et al.，2010）。同时，前瞻记忆的老化一般伴随着与年龄相关的执行功能和情景记忆等认知能力的下降（Maylor & Logie，2010；Park & Reuter-Lorenz，2009；Shing et al.，2008），相应地，执行前瞻记忆任务的认知资源不足，从而导致前瞻性记忆表现更差。另外，多数研究表明，在实验室条件下，基于时间的前瞻记忆比基于事件的前瞻记忆表现出更多的年龄效应（Martin et al.，2003；Maylor et al.，2002）。Einstein 等（1995）认为，相对于基于事件的前瞻记忆而言，基于时间的前瞻记忆的完成缺乏外部线索提示，主要依靠自我驱动加工，而作为认知资源的自我驱动能力是随年龄的增长而衰退的。Maylor（1996）也认为，如果获得足够的认知资源，即使在实验室条件下，老年人也不会产生基于事件的前瞻记忆衰退。另外，一项关于不同年龄飞行员前瞻记忆的比较研究发现，在完成与飞行信息有关的前瞻记忆任务时，记笔记作为一种外部补充线索，有效地降低了前瞻记忆的年龄效应，这也说明年龄效应可能由内部认知资源的缺乏所致（Morrow et al., 2003）。

6.4

一项前瞻记忆老化的 ERP 研究：任务负载的影响

不论是前瞻记忆的自动加工理论还是策略加工理论，都认为前瞻记忆需要消耗一定的加工资源，虽然自动加工理论认为被试可以自动获取前瞻意向，但在意向最初形成以及保持过程中的偶尔提取都需要消耗一定的认知资源。对于多重加工理论来说，前瞻记忆加工过程，即从意向形成到线索探查直至提取意向都需要占用一定的资源，需要工作记忆特别是中央执行系统的参与。因此，前瞻记忆过程中的任务负载始终是研究者在研究前瞻记忆加工机制，特别是前瞻记忆老化机制时所感兴趣的变量。在以往的研究中，研究者通常通过增加进行中任务难度来提高认知负荷，或者通过将前瞻记忆任务数量增加至多项来提高前瞻任务负载，但单纯增加进行中任务负载并不能明确前瞻记忆任务受影响的路径，而增加前瞻记忆任务的数量也会使多项前瞻记忆任务之间产生相互影响，因而不能很好地判断任务负载对前瞻记忆加工的影响。

由于 ERP 技术具有较高的时间分辨率，使对大脑认知加工的时程进行精细分析成为可能，因而被誉为"观察脑功能的窗口"。一些研究者在前瞻记忆的老化研究中也引入了 ERP 技术，使对前瞻记忆老化机制的分析更加全面、直观。郭纬（2008）使用 ERP 技术，采取同时操纵老年被试和年轻被试进行中任务和前瞻记忆任务负载的设计，将老年被试与年轻被试的行为和脑电数据进行对比分析，探讨前瞻记忆老化的可能机制与影响因素。下面将对该研究进行重点介绍。

6.4.1　研究方法

1. 被试

研究者在上海某高校老年大学中招募了 16 名老年被试，其中男性有 6 名，女性有 10 名，平均年龄为 70.11 岁。另在同一高校招募硕士一、二年级研究生 16 名作为年轻组被试，其中男性有 8 名，女性有 8 名，平均年龄为 24.11 岁。所有被试身体良好，均为右利手，无色盲或色弱。实验结束后给予一定报酬。

2. 材料与程序

实验材料为小学语文生词表中随机选取的 200 个常用的双字词，其中动物、植物、人物、日用品各 50 个。使用 E-prime 软件编写实验程序。

正式实验中，低负载条件下每个试次的程序为：300～800 毫秒随机时长的注视点过后，屏幕中央会出现一个绿色双字词，屏幕下部会出现四种词的类别的名称，即动物、植物、人物和日用品。被试的进行中任务是判断双字词属于四类词中的哪一类，并用鼠标点击相应类别名称。前瞻记忆任务是当遇到双字词为红色时，不进行词类判断，而是按下键盘上的数字键 "0"。

在高负载的进行中任务试次中，屏幕下部的四种词的类别用数字代替，即 "1" 代表动物，"2" 代表植物，"3" 代表日用品，"4" 代表人物。由于被试在完成这一部分的进行中任务时，需要记住数字所代表的类别，并在对每个单词进行分类时，在头脑中将数字转化为相应类别，因此增加了完成进行中任务的认知负载。

在高负载前瞻任务中，前瞻记忆任务改为：遇到红色且为日用品或人物的单词时按下空格键。在完成这一任务时，被试需分辨出红色词的类别是否符合要求，这就使意向在建立、提取和执行时都需要更多的认知资源，从而与低负载前瞻任务中的简单意向相比，增加了前瞻记忆任务的负荷。

3. 实验设计

实验采取 2×（被试年龄：年轻/老年）×2（进行中任务负载：高/低）×2（前瞻任务负载：高/低）的混合设计。其中，被试年龄为被试间变量，进行中任务负载和前瞻任务负载为被试内变量。因变量为被试的进行中任务和前瞻任务成绩和反应时，以及完成两种任务时的脑电数据。

4. 脑电记录

ERP 记录采用德国公司的脑电记录软件，Ag/AgCI 电极，电极排列按照国际 10-20 标准，记录头皮 32 个电极点，选取双耳乳突做参考电极，AFz 为接地电极，带通 0.1～70 赫兹，头皮阻抗控制在 15 千欧以下，采样率为 500 赫兹。

ERP 分析选取 F3、Fz、F4、C3、Cz、C4、P3、Pz、P4 电极点，滤波范围采用 0.1～30 赫兹，刺激呈现前 100 毫秒作为基线，分析时窗为–100～900 毫秒。P200 的取值范围为 170～220 毫秒，N300 的取值范围为 270～320 毫秒，前瞻正波的取值范围为 400～600 毫秒。

6.4.2　结果

1. 行为数据结果

1）前瞻记忆正确率结果。以完成前瞻记忆任务的实际成绩为因变量进行方差分析，结果表明年龄主效应显著，年轻组的前瞻记忆成绩高于老年组的成绩；前瞻任务负载的主效应显著，低负载条件下的成绩高于高负载条件下的成绩。也就是说，改变进行中任务负载对前瞻记忆的正确率影响不大，但增加前瞻记忆负载则前瞻记忆的正确率明显下降，且老年组的下降略高于年轻组。

2）前瞻记忆反应时结果。以完成前瞻任务的反应时为因变量进行方差分析，结果表明年龄主效应显著，老年组的反应慢于年轻组；前瞻任务负载的主效应显著，低负载条件下的反应时长于高负载条件的反应时。即进行中任务负载对前瞻记忆的反应时影响不大，而前瞻记忆的负载增加，则被试前瞻记忆的反应明显变慢，且年轻组和老年组变慢的幅度相当。年龄与前瞻任务负载的交互作用不显著。

2. 脑电数据结果

1）前瞻任务脑电的总体差异。从 F3、F4、Fz 电极点的平均波幅看，在四种任务条件下，老年组的脑电波幅呈现随任务难度增加而逐渐增大的趋势；而年轻组只在高负载前瞻任务且高负载进行中任务情况下波幅明显降低，这可能是学习效应的体现。另外，老年组的 F4、Fz、Cz、C4 电极点在高负载前瞻仼务且高负载进行中任务情况下波幅显著高于其他三种情况；而年轻组在各种任务情况下以上电极点波幅均无显著差异。

2）P300 的波幅差异。从 P3、P4、Pz 电极点的平均波幅看，在四种任务条件下，随任务难度的增加，老年组的 P300 波幅呈现降低的趋势，而年轻组则呈现低—高—低的趋势。

3）前瞻正波的波幅差异。无论老年组还是年轻组，随着任务难度的增加，前瞻正波的波幅逐渐减小，说明用于提取意向的资源减少可能是由任务难度增加而被分散所致。

6.4.3　讨论

研究的行为数据发现，无论是前瞻任务的正确率还是正确反应时，老年组与年轻组均有显著差异，即老年组完成前瞻任务的正确率更低，反应更慢，且不同任务负载对正确率和反应时的影响是显著的。对于正确率来说，任务效应大于年龄效应；而对于反应时来说，年龄效应大于任务效应。这主要是因为该实验的任务难度较小，但反应时却更多受年龄因素影响。

研究的脑电数据显示，P200、N300 和前瞻正波在相应的头皮位置上都表现出了显著的年龄差异，其中在头皮前部，老年组 P200 成分的平均波幅明显大于年轻组的平均波幅。由于 P200 被认为与意向形成有关，所以随着进行中任务难度的增加，特别是前瞻记忆任务难度（主要是前瞻线索内容的难度）的增加，其波幅也增大，而年轻组则表现出比较明显的学习效应，因此 P2 的波幅呈现由低到高、再由高向低的趋势。

在研究中，N300 成分也显示了显著的年龄差异，这与很多研究得出的结果一致。例如，West 和 Ross-Munroe（2002）发现 N300 波幅与前瞻记忆线索的探测有关；Smith（2003）的研究也发现，相对于老年人，年轻人会更多地使用预备注意系统，所以老年人的 N300 波幅相对小于年轻人的波幅，特别是在大脑右半球更是如此。相关差异可能是由支持前瞻记忆线索探查的神经系统在功能性整合上的功能衰退所致（West & Browy 2005）。但在郭纬（2008）的实验中，只有当进行高负载进行中任务且低负载前瞻任务和高负载进行中任务且高负载前瞻任务两种水平下，老年组被试的 N300 成分才与年轻组存在显著差异。结果显示，在进行中任务负载较高时，老年被试无法分配更多的资源给高负载前瞻任务，而年轻组却没有显著的任务效应，这似乎与 "N300 波幅更多地受完成进行中任务的工作记忆调节" 这一解释相矛盾。根据推测，对于年轻组被试来说，进行中任务和前瞻任务的难度不大，因而工作记忆的负载差异不大，导致在不同任务负载下该成分的激活程度没有显著差异。

研究还发现，在前瞻记忆线索出现后的 400～600ms，在头皮顶部表现出前瞻正波的显著年龄差异：相对于年轻组，老年组前瞻正波的潜伏期更长，波幅更小。West 和 Covell（2001）也观察到，在利用知觉性突出的前瞻记忆线索进行研究时，相对于年轻人，老年人的前瞻正波波幅衰减更大。West 等（2003）的研究数据也证实了 West 和 Covell 对前瞻记忆年龄效应的观察，并认为这种年龄效应可能是前瞻正波和 P300 成分（可能是一种对老化过程非常敏感的成分）的混合效应的结果。虽然也有研究表明，前瞻正波可以识别头皮顶部与再认有关的新旧效应（West & Krompinger，2005），但大多数的研究证实，前瞻正波与记忆中意向的提取有关（West & Ross-Munroe，2002）。因此，在郭纬（2008）的研究中，老年被试前瞻正波波幅的减小可能揭示了他们在提取意向时可利用资源的减少。

因此，从郭纬（2008）研究中的脑电结果看，前瞻记忆加工过程中，在前瞻意向形成阶段（P200 成分），老年组与年轻组的表现并无显著差异，而线索探查（N300 成分）及意向提取（前瞻正波成分）则显示老年组与年轻组的显著差异，老年组的波幅低于年轻组的波幅，表明前瞻记忆的前瞻成分（线索探查与意向提取）在年龄差异上更敏感，这也与行为数据的结果相符。

　　值得注意的是，在老年组，随着任务负载（特别是前瞻任务负载）的增加，在线索探查和意向提取的脑电表达上都显示为波幅减小，提示在老年人的前瞻记忆加工中存在线索探查—意向提取加工一致性，即由于这两个部分都属于前瞻记忆中的前瞻成分，更多地需要自我驱动能力，而老年人这一能力较年轻人下降明显，使其在线索探查阶段的加工水平较低，线索探查的效率不高，同时这也影响了下一步的意向提取；而在年轻组，随着任务负载的增加，特别是前瞻任务负载的增加，与线索探查相关的 N300 成分波幅增大，而与意向提取相关的前瞻正波成分波幅减小，显示对于年轻组来说，可能存在线索探查—意向提取加工平衡性，即年轻人能更主动地进行认知资源的分配，在完成前瞻任务时，对前瞻线索的加工分配了更多资源。因此，在意向提取阶段，个体只需要用较少的认知资源就能获得较高的效率。

　　由此可见，无论老年组还是年轻组，在前瞻记忆的最初阶段，个体都会根据任务负载要求主动分配资源用于形成意向，两者并没有显著差异，而在线索探查和意向提取阶段，年轻人更多地采用自动加工的模式，老年人与年轻人差异显著。因此，郭纬（2008）的实验结果支持了老年人在前瞻记忆加工中更多遵循注意＋搜索加工模式，而年轻人的前瞻记忆加工可能更多符合双重加工理论（McDainel & Einstein，2000），即在线索探查阶段主动分配资源；而到意向提取阶段有更多的自发提取的加入。

6.5

本 章 小 结

　　本章对前瞻记忆老化的研究现状、影响因素和机制以及认知神经科学的研究进行了总结，旨在通过提供关于老年人前瞻记忆研究的多方面证据，进一步探讨前瞻记忆老化的特点和机制。

　　首先，实验室范式和自然情境范式的前瞻记忆老化研究得到了相反的结论，即在自然情境范式的大部分研究中，老年人的前瞻记忆优于年轻人；而大多数实验室范式的研究又得出年轻人前瞻记忆优于老年人的结论。还有一些研究表明，在控制进行中任务情境和前瞻记忆任务难度的条件下两者没有显著差异。这即是年龄—前瞻记忆矛盾的现象（Rendell & Craik，2000）。尽管对这一现象的解释至今仍不统一，但对这一问题的不同角度和层面的研究，能有助于人们更深入地了解老年人前瞻记忆的加工方式和可能的影响因素，也能为在日常生活中帮助老年人提高前瞻记忆能力提供启发。

其次，关于前瞻记忆老化的机制，虽然前文从一般工作记忆、其他认知能力、社会动机等主观因素三个方面加以探讨，然而无论是在实验室，还是在自然情境中，老年人的前瞻记忆表现特点及与年轻人的差别并不能简单地由单一机制给出满意的解释，很可能是由一种机制主导的、多因素综合作用的结果。而具体由哪种因素主导则可能与任务性质和任务情境有关。也就是说，前瞻记忆老化效应的影响模式往往是综合性的。

再次，关于前瞻记忆老化的理论模型，由于已有的几个有关前瞻记忆加工的理论模型并不能全面解释前瞻记忆的老化现象，所以，研究者提出了回溯成分说和认知资源限制说两个模型，但显然，二者也不能全面概括前瞻记忆老化机制的所有方面：回溯成分说将前瞻记忆老化归结为单一的回溯记忆（回溯成分）的衰退，将这一机制简单化；而认知资源限制说的解释又过于宽泛。随着前瞻记忆研究领域的不断拓展与深入，相信将来会获得关于前瞻记忆老化机制这个"多面体"每一个面的具体性知识。在此基础上，才能构建出更令人满意的老年人前瞻记忆加工机制模型。

最后，到目前为止，前瞻记忆老化认知神经科学领域的研究主要通过使用ERP 技术来比较老年人和年轻人前瞻记忆任务诱发脑波的不同。研究者重点关注了对 N300 和前瞻正波的分析与讨论。当前基本达成一致的结果是：老年人的N300 在右半球的波幅小于年轻人的波幅（West et al.，2003；West & Bowry，2005）。有研究认为，这可能是由老年人注意能力的下降使其对靶线索的搜索困难造成的（West et al.，2003）。而对前瞻正波的研究比较复杂，前人的研究并没有得出一致的结论。如 West 和 Covell（2001）的研究发现，当前瞻记忆靶线索的知觉特征较明显时，相对于年轻人，老年人的前瞻正波波幅较小；而 West 等

（2006）的研究发现，前瞻记忆任务所诱发的前瞻正波波幅及 P3 波幅均不受 N-back 任务负载的影响。所以，前瞻正波所表达的前瞻记忆老化的意义需要进行一步研究确认。而本章重点介绍的郭纬（2008）的前瞻记忆老化的 ERP 研究表明，当前瞻任务的负载较高时，老年人的前瞻记忆成绩比年轻人有更明显的下降，根据电生理数据的分析，老年人在意向形成阶段的加工深度与年轻人相当，但在前瞻记忆中的前瞻成分，即靶线索的探查阶段，老年被试的表现较差。这主要是因为这一过程需要消耗一定的认知资源，而老年人认知资源受限，影响了其意向提取。值得注意的是，老年人在前瞻记忆过程中表现出了低激活水平的线索探查和意向提取一致性，而年轻人则表现出了高激活水平的线索探查和意向提取平衡性，即年轻人在线索探查阶段可以策略性地分配更多的资源，留下较深的加工痕迹，因此，在意向提取阶段更容易执行。但总的来看，老年人和年轻人皆在线索探查阶段更多地采取策略监控，在意向提取阶段则更多地表现出自动提取模式。这为前瞻记忆的多重加工模型提供了证据支持。

　　综上，关于前瞻记忆的老化研究仍存在不少分歧和不足之处，研究方法和研究手段都有待进一步提高和改进，老年人前瞻记忆老化的影响因素及前瞻记忆的加工特点和规律尚有待进行深入地研究和探讨。

专栏

老年人前瞻记忆衰退的干预训练

著名文学大师莎士比亚曾把记忆称为"大脑的看门人"，形象地说明了记忆帮助我们筛选、保存并利用信息的重要功能。但在日常生活中，老年人的记忆（包括前瞻记忆）会产生随年龄增长而衰退的现象，即老化现象。这不但对其生活质量有非常大的影响，而且也很容易导致老年人过度沮丧、不自信的心理状态。因此，心理学家一直在研究并尝试使用有效的方法来改善老年人的记忆能力。

如本章所述，在实验室中，大多数研究显示老年人的前瞻记忆成绩显著低于年轻人的成绩，存在显著的年龄差异。但是在现实生活中，由于人们很容易找到外部线索提示，所以并没有显示出老年人与年轻人前瞻记忆能力上的巨大差别，甚至老年人的前瞻记忆任务完成得比年轻人还要好。但这并不说明在自然情境下老年人的前瞻记忆没有老化现象，只是相比于实验室情境，日常情境老年人前瞻记忆的老化程度更轻一些。这也恰恰说明，老年人日常前瞻记忆能力有一个相当大的提升空间。

但到目前为止，针对老年人前瞻记忆的训练与干预的研究只有不多的几例。Andrewes 等（1996）对老年被试进行了人名记忆和前瞻记忆提升的训练，但发现，与对照组相比，接受训练的被试的前瞻记忆并没有得到明显改善。另外两项干预研究却取得了一定的实效。Schmidt 等（2001）通过对老年被试的内部策略与外部策略运用的训练，提高了老年被试的前瞻记忆成绩；在 Villa 和 Abeles（2000）的研究中，研究者招募了 115 名老年被试，对他们进行了 7 个专题的培

总之，从已有研究看，前瞻记忆确实能通过一定的训练加以改善，但目前尚没有公认的成熟和效果稳定的方法，多数是研究者根据前瞻记忆特点和理论模型自编的训练内容和程序。所以，如何对老年人进行更有效的前瞻记忆训练和干预还需要进行进一步研究。

第三篇

前瞻记忆的异常发展：临床视角

成功执行前瞻记忆所需的认知功能包括注意力、回溯性记忆回忆和计划，而且前瞻记忆本身也涉及意图建立、线索的监控和识别、意图的保持及其后续的执行等复杂过程，所以，前瞻记忆的成功执行是决定一个人能否过上独立生活的至关重要的因素。正如 Cohen 和 O'Reilly（1996）所言，"没有完整的前瞻记忆，日常生活中独立工作几乎是不可能的"。虽然回溯记忆障碍长期以来被公认为是临床群体中最常见的认知缺陷之一，但越来越多的研究表明，前瞻记忆失败可能是一个更显著的特征，并且受到了更多的关注。一些研究显示，随着皮层及其皮层下脑部网络的功能变化，各种临床疾病中的前瞻记忆功效显著降低。前瞻记忆障碍非常常见，而且与临床群体的生活质量降低显著相关（Fish et al., 2010），这表明前瞻记忆损伤可能在一些临床障碍的早期发现和治疗干预中起着重要的作用。并且，前瞻记忆的提升训练会改善临床障碍者的生活质量。因此，无论从脑损伤前瞻记忆障碍研究的理论贡献，还是从其应用价值来看，有关临床群体的前瞻记忆研究都是急需和必要的。前瞻记忆障碍可能成为心理学未来研究的中心课题之一。近年来，前瞻记忆的临床研究日益活跃，研究者开始考察前瞻记忆对一些病症诊断和治疗的贡献（Duchek et al., 2006；Kliegel et al., 2008）。其中，ADHD 儿童和阿尔茨海默病患者的前瞻记忆就是研究者所关注的两个热点研究领域。

第 **7** 章

ADHD 儿童的前瞻记忆

　　在整个生命周期中，人类主要依靠前瞻记忆来执行日常和基本的任务。因此，任何对这种能力的干扰都可能严重影响个体在日常生活中的适应能力（Shumet al.，2008）。研究表明，成功的前瞻记忆表现部分依赖于完好的执行功能，而执行功能是一种对行动、思想和情绪进行有意识、自上而下的控制加工的认知过程，与前额皮层的神经系统活动有关（Zelazo & Müller，2010）。ADHD是学龄儿童中常见的一种发展性障碍疾病，主要表现为以注意力不集中、多动和冲动行为为核心特征的执行功能方面的缺陷。鉴于前瞻记忆和执行功能、执行功能和 ADHD 之间的关系，我们有理由相信，ADHD 儿童也会表现出前瞻记忆缺陷。因此，更好地了解 ADHD 儿童的前瞻记忆缺陷显得尤为重要，可为相关干预训练的制定与实施提供理论指导，进而促进 ADHD 儿童前瞻记忆能力与整体认知能力的改善。

7.1

儿童与注意缺陷多动障碍

研究指出，儿童的大脑神经系统发育尚未成熟，注意力容易分散，容易受到外界事物干扰，所以儿童很难对一个任务保持持久的注意力，并且对新奇刺激容易发生朝向反射。但随着年龄的增长，大约在五岁以后，儿童的注意集中能力开始提高，在某一任务上停留时间也会随之加长，他们逐渐学会排除外界事物的干扰，这为儿童将来进入学校学习奠定了基础（周志远，2005；马漫修等，2009）。但据统计，有 3%～7% 的学龄儿童（五岁以后）无法正常集中注意，常常因为微弱的干扰而产生注意分散（Barkley，1997b；Cormier，2008）。如果经过一段时间观察后，该现象仍然没有明显好转，则有可能被心理学家或精神科医生诊断为 ADHD（周志远，2005；Barkley，1997b，2006；马漫修等，2009）。

ADHD 是学龄儿童中常见的一种发展性障碍疾病。根据《精神疾病诊断与统计手册》（第五版）（the Fifth Edition of the Diagnostic and Statistical Manual，DSM-V）的诊断标准，ADHD 是与其年龄不相适应、以注意力不集中、多动和冲动行为为核心特征的心理行为性疾病（American Psychiatric Association，2013）。研究者主要依据儿童的症候、年龄和持续时间来判定 ADHD 儿童的类型。大多数 ADHD 儿童都同时表现为注意力缺陷和多动障碍的混合型，但是也有部分 ADHD 儿童表现为 ADHD 注意力缺陷主障碍或者 ADHD 多动主障碍。

ADHD 的病症总体会因年龄或疾病发展阶段的不同而不同，通常表现为：缺乏耐心、脾气暴躁、专横、倔强、持续地要求满足、心境障碍、缺乏纪律性、烦躁不安、遭同伴拒绝、低自尊等。他们易与家长或者教师发生冲突，经常被认为懒惰、缺乏责任心，且经常会表现出一些违抗行为，如与家庭成员敌对或对其不满。ADHD 儿童的行为很随意，使得家长或者教师会认为他们的表现是有意的，因而对其评价很低。归纳起来，ADHD 儿童的临床表现主要有三方面：

其一是很难将注意力维持在进行中任务上；其二是自我语言控制的内在化发育明显延迟，因此其难以保持安静；其三是注意力方面的缺陷造成其学习成绩不良，使其不受教师及同伴欢迎。因此，ADHD 儿童多表现出难以适应学校生活、无法建立和谐的同伴关系等方面的问题（马漫修等，2009）。

尽管 ADHD 个体在临床学和神经生理学数据上都显示出会面临成熟危机，然而其认知和情绪功能是如何发展变化的仍然很难理解（Marx et al.，2010）。而探讨 ADHD 儿童前瞻记忆的特点、发展与干预等问题则有助于加深这种理解。由于前瞻记忆任务的执行是镶嵌在日常进行的活动中的，所以执行前瞻记忆任务所涉及的认知过程比较复杂。正如有研究者指出，前瞻记忆是一种特殊的记忆（Dobbs & Reeves，1996；Ellis，1996b），其涉及计划、感知觉、注意的激活和抑制、回溯记忆、判断和决策以及行为监控等多种认知过程。本章试图通过梳理 ADHD 儿童前瞻记忆领域的研究，深入了解前瞻记忆的加工机制，同时借此进一步探讨 ADHD 儿童认知功能的损伤机制。

7.2

ADHD 儿童前瞻记忆的研究方法

传统的前瞻记忆双任务研究范式（Einstein & McDaniel，1990）虽然能够有效地模拟自然情境中的前瞻记忆任务，成为当前前瞻记忆研究的基本任务范式之一，但是这种范式有两个比较明显的缺点：①实验操作过于简单，且多以简单的按键反应作为被试前瞻记忆能力的判断指标，实验结果容易出现天花板效应；②实验不能有效地激发个体执行任务的动机，其生态效度较低。同时，考虑到儿童认知发展的特性，尤其是特殊儿童，研究者对儿童前瞻记忆的实验研究进行了调整（详见第 3 章），开始使用更加开放和灵活的实验范式。目前，ADHD 儿童前瞻记忆领域的研究主要使用两种方法：一种是六要素测验（six elements test，SET）；另一种是电脑巡游者游戏程序。

7.2.1　六要素测验

SET 是 Shallice 和 Burgess（1991）为注意监控系统理论模型而设计的一项测验。SET 的成功执行需要个体制定工作计划，监控自身完成任务的进度，监控时间，并能够有效地安排分测验。完成 SET 所必备的条件与 ADHD 儿童干预的需求类似，如持续完成任务、忽略分心物、抑制优势反应、自我监控过程和形成计划等。因此，SET 可以作为研究 ADHD 儿童前瞻记忆的一个很好的工具。

注意监控系统主要负责监控新情境下的目标行为，如制定目标、形成计划、做出决定、做标记等（Norman & Shallice，1986；Shallice，1982）。前额叶综合征（frontal lobe syndromes）个体通常表现为注意监控系统的受损。因此，额叶损伤者很可能在日常任务中表现正常，而在非日常情境或新任务中表现较差（Shallice，1982）。因为在日常任务的行为和决策中存在明显的线索标志；而在非日常情况下，通常不会标记辅助执行任务，注意监控系统就必须被激活。Clark 等（2000）的研究证实了这一观点，他们发现 ADHD 儿童在新情境中进行决策和自我监控时存在困难。

Shallice 和 Burgess（1991）证实了 SET 对与目标导向行为相关的日常问题比较敏感。研究发现，前瞻记忆损伤个体在传统的执行功能测试中并没有损伤表现，在 SET 中却表现很差。以 Burgess 等（1996）的 SET 实验为例来说明此测验方法的基本内容。该研究要求被试在 10 分钟之内执行 6 个开放性的任务，并将这 6 个任务分成 3 类：讲故事、计算和图片命名。其中，每类任务又有所不同。讲故事任务分为两类：一类任务要求被试描述曾经度过的最美好的假期或最开心的生日派对；另一类任务要求被试描绘生活中任何难以忘怀的事。计算任务分为 SET A、SET B 两组独立的问题卡片。每组包括难度渐增的 60 道题，如第 1 道题是"4＋4＝　"，第 20 道题是"3×3＝　"，第 40 道题是"14×3＝　"。两组算术题难度相当。图片命名任务也分两组，每一组都包含色彩鲜艳的 60 张卡片，每张卡片上都是单个的常见物品（如锤子、船、水壶等）素描。Burgess 等的研究要求被试完成任务时要遵循两个规则：首先，被试需在 10 分钟之内，尽可能多地完成测验。被试可以随时监测自己的测验用时。同时，主试告知被试在规定时间内不可能完成所有的测验，但是被试必须将六种类型的任务至少都尝试一次；其次，被试不能在完成一种类型任务的 A 部分之后立即开始 B 部分，而应该转向去做另一种类型的任务。例如，被试在完成 SET A 的算术题后不能立刻去做 SET B 的算术题，而应去完成图片命名或讲故事的题目。从 SET 的题目组成来看，想要成功完成测验，被试需要同时进行多个任务，因而被试需要具备自我监控、合理组织和计划的能力。

有研究采用 SET 的变式——HEXE（Heidelberger Exekutivfunktionsdiagnostikum，海德堡执行功能诊断）（Kliegel & Martin，2002，2003，2004；Kliegel et al.，2006）对 ADHD 儿童的复杂性前瞻记忆进行了研究。其设计的基本思想与 SET 完全一致，不同之处在于 HEXE 任务是基于计算机游戏的形式进行的，这样可以保证被试处于同样的注意和动机水平。具体来说，HEXE 包括两个子任务：算术任务与图片判断任务。每个子任务被分成两部分，这样被试一共需要完成四个任务。在算术任务中，被试需要对屏幕中央列出的等式（7＋8=15？）做出正误判断；在图片判断任务中，被试需要判断图片上呈现的物品是否是他们居住地所特有的。实验限时 2 分钟，屏幕上方有红色的进度条来显示剩余时间。由于每个子任务都包括很多项目，所以子任务的每一个项目并不能在给定的时间内被全部尝试。屏幕下方有两个绿色和两个蓝色的按钮，分别代表这四个任务，被试可以通过按键来选择任务。一旦选择某一个任务，对应的键上就会显示一个 X。同时，被试需要遵守两个规则：被试只允许切换到不同内容的子任务上，不能连续做同一个任务；任务有 2 分钟的时间限制，当屏幕上方红色进度条被填满时就意味着时间到了。具体的前瞻记忆任务包括两个方面：①启动：被试在完成重建三角形的任务后，必须自己启动整个 HEXE 程序并开始前瞻记忆任务；②转换：被试必须记得在四个任务中至少做一个，而且只被允许切换到不同内容的子任务上，如图片判断任务切换到算术任务。反之亦然，但不能从一个算术任务切换到另一个算术任务上（图 7-1）。

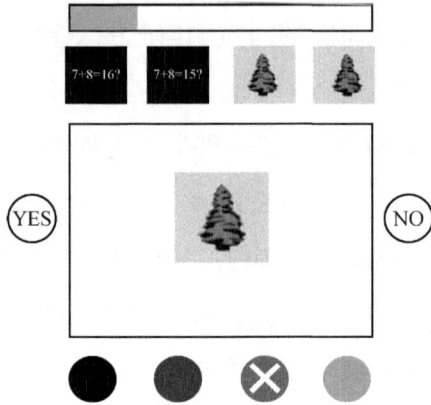

图 7-1　SET 变式英文版（Kliegel & Martin，2004）

7.2.2　电脑巡游者游戏

电脑巡游者是由 Kerns（2000）开发的一种计算机游戏程序，用于测量基于时间的前瞻记忆，包括五个重复的基于时间的前瞻记忆任务。该游戏程序提供了一种使用初级目标和次级目标活动来灵活模拟前瞻记忆双任务实验范式的方法。该游戏任务为沿着公路开动一辆汽车，内容简单、自然而且具有趣味性。初级目标活动为进行中任务，是通过不撞到其他车辆来获得较高的游戏分数；次级目标活动作为前瞻记忆任务，则是要求被试控制好汽油量，如果烧干汽油，则会失去所有的分数。

具体地，在执行任务的过程中，儿童需要完成编码意图（核查油箱）、采取适当行为（按键装填油箱）、重新提取信息（当且仅当油箱油量较低时）等加工。在意向延迟阶段，儿童为赚取分数忙于驾驶他们的汽车，不会时刻注意检查汽油量，只有当儿童想要去核查时才能看见。游戏共持续 5 分钟，期间油箱必须被核查和装填 5 次，否则汽车就会因缺油而熄火。也就是说，如果在规定装油的时间没有装填，燃油就会被耗尽，所积累的分数随之归零。耗尽汽油的次数作为前瞻记忆失败的指标。

从上述内容中可以看出，"电脑巡游者"游戏程序的优势主要体现在三个方面。第一，实验者通过使用计算机游戏的形式自然地控制儿童被试的动机。游戏中儿童只是一心想要让自己驾驶的汽车行驶在街道上，保证不熄火。第二，通过生态效度很高的游戏形式检验儿童被试执行基于时间的前瞻记忆的能力，有效地降低了实验难度。第三，此方法克服了以往基于时间的前瞻记忆实验范式中关于儿童对时钟识别的局限。该实验程序不需要儿童认识时钟，而以燃料量（汽油）来度量时间，便于儿童理解。在游戏开始时告诉儿童，当燃料量处于红色区域时（表示油量低）需要装填燃料，而在其他时间是不需要也是不可能装填汽油的。可以说，Kerns（2000）设计的"电脑巡游者"游戏程序用于测量前瞻记忆的方法，是一个既有趣而又比较复杂的游戏任务。它克服了以往方法的诸多限制，并且这种游戏的方法更加自然，且生动逼真，对于测量儿童基于时间的前瞻记忆具有较好的生态效度。但是这种方法也仅适用于年龄比较大的儿童，而对于学前儿童，尤其是年龄比较小的学前儿童来说，对游戏任务的理解和实施还是会存在很大的困难。因此，该方法还有待于进行进一步完善和发展。

<h2 style="text-align:center">7.3</h2>

ADHD 儿童前瞻记忆的加工特点

Barkley（1997a）认为 ADHD 儿童执行功能的发展可能是迟滞的，他们在完成受额叶支配的任务时存在一定的困难。已有研究表明，前瞻记忆与执行功能的相关要远大于与回溯记忆的相关（Kerns & Price，2001），说明前瞻记忆与额叶系统密切相关。McDaniel 等（1999）的研究直接证实了这一观点。他们采用 2（额叶功能：高/低）×2（海马系统功能：高/低）的混合实验设计，探究了额叶和海马中的内侧颞叶系统对前瞻记忆的作用。结果发现高额叶功能被试的前瞻记忆成绩要好于低额叶功能被试的成绩，说明额叶在前瞻记忆加工中起着关键作用。研究认为前瞻记忆的提取需要与额叶相关的执行功能的支持（Guynn et al.，2001；McDaniel et al.，1998）。一旦检索到前瞻意图，成功的前瞻记忆就需要被试实现中断进行中任务和启动对意图行为的执行控制加工。而低额叶功能被试因为执行功能上的缺陷而无法实现对进行中任务的抑制以及对前瞻记忆任务的执行启动（Shallice & Burgess，1991）。

后来的研究进一步发现，从 ADHD 儿童的前瞻记忆特点中常能推测出其前额皮层的功能障碍（Brandimonte et al.，2011；Faraone et al.，2001；Sergeant et al.，2002；Swanson & Ashbaker，2000），主要证据是其执行功能存在缺陷（Pennington & Ozonoff，1996）。一般认为，执行功能包括目标定位计划、弹性策略产生、目标的保持、自我监控和抑制等功能。其中，计划制定与策略的产生、目标的保持以及进行中任务表现的自我监控等方面的能力缺陷导致了 ADHD 儿童前瞻记忆能力的下降（Clark et al.，2000）。

Clark 等（2000）使用 SET 比较了 ADHD 与对立违抗性障碍（oppositional defiant disorder，ODD）或品行障碍（conduct disorder，CD）儿童在执行功能和自我控制（self regulate）（如计划、组织、策略产生）方面的差异。结果发现，与正常儿童相比，ADHD 儿童尝试子任务的机会相对较少，同时也很少犯规则性错误。这说明 ADHD 儿童能够记住前瞻记忆指导语，其回溯记忆能力并未受到损伤。该研究还表明，ADHD 儿童及伴随品行障碍的 ADHD 儿童在 SET 上的表现明显比品行障碍、对立违抗性障碍或控制组儿童更糟糕。这一研究结果说明了 ADHD 儿童的策略组织能力受到损伤，自我监控更易失败。

ADHD 儿童策略组织能力的损伤可能会造成其在需要这种能力的前瞻记忆任务上的表现较差。Siklos 和 Kerns（2004）的研究证实了这一结论。他们在研究中使用修改版的六要素测验考查了 7～13 岁 ADHD 儿童的多任务完成表现。结果表明，同控制组儿童一样，ADHD 儿童也能够记住规则，说明其在回溯记忆方面并没有缺陷。但他们的前瞻记忆能力表现明显差于控制组儿童，说明 ADHD 儿童在监测进行中任务和产生有用的策略用于任务竞争方面存在缺陷。ADHD 儿童组的表现之所以显著差于控制组，是因为他们比控制组尝试更少的任务。Siklos 和 Kerns 的研究进一步支持了 ADHD 儿童前瞻记忆能力损伤主要源于计划、策略的产生和使用以及自我监控等策略组织能力损伤这一假设。

Kliegel 等（2006）使用 HEXE 任务探讨了 ADHD 儿童执行复杂多重前瞻记忆任务的情况。结果表明，ADHD 儿童前瞻记忆认知过程的四个阶段（编码、保持、提取、执行）都受到了不同程度的损害。其中，意图形成（编码）阶段的损害最大。研究验证了 Martin 和 Kliegel（2003）的观点，即 ADHD 儿童的执行功能受到损伤，所以他们在制定计划的可行性方面和实行计划方面的表现都较差。因而，ADHD 儿童在执行复杂多重前瞻记忆任务方面存在一定的困难，并严重地影响着 ADHD 儿童日常学习和生活的质量。例如，ADHD 儿童很难合理地组织一天的活动以及守约、实践承诺或完成复杂的任务等。研究认为，ADHD 儿童易冲动，而且在制定、保持、实施计划时表现较差，所以在完成复杂多重前瞻记忆任务方面存在一定的缺陷（Kliegel et al.，2006）。此外，该研究的统计结果表明，80%的正常被试可以自动激活完成 HEXE 任务这一意向，而 ADHD 被试中只有 65%的儿童可以完成。这一结果与 Kerns 和 Price（2001）的研究结果相矛盾，其可能是由前瞻记忆线索的高凸显性导致的。已有研究表明前瞻记忆线索的凸显性对 ADHD 儿童（Kerns & Price，2001）、正常儿童被试（Beal，1988；Meacham & Colombo，1980；Kreutzner et al.，1975）、成年被试（McDaniel & Einstein，2000）的前瞻记忆成绩都有很大的影响。正常被试平均转换了 2.15 次任务，ADHD 被试平均转换了 2.45 次任务，但差异不显著。55%的正常被试以及 45%的 ADHD 被试至少完成了四个任务中的一个项目，但差异不显著。这表明 ADHD 儿童可以依照最佳的解决方式来解决子任务中的一个项目任务。这与之前的研究结果（Clark et al.，2000；Siklos & Kerns，2004）并不完全一致，其原因可能是该研究的范式简单，不像之前研究所采用的范式需要很多的认知资源，被试可能更容易完成该研究中的任务，这也可以解释两组被试在转换次数上没有差异的现象。

　　ADHD 个体不能将一系列的句子和表象信息存储在头脑里以便于组织新的想法。ADHD 儿童可能不会记得布置的作业是什么内容，或者不能记得完成整个动作任务所需要的步骤，如搭积木（Simon & Zieve，2010）。他们的工作记忆及执行功能受损，使得 ADHD 个体执行前瞻记忆的能力受到损害。

　　Kerns 和 Price（2001）使用电脑巡游者游戏程序探讨了 ADHD 儿童基于时间的前瞻记忆，结果发现 ADHD 儿童确实在前瞻记忆方面存在很大缺陷，并且研究结果表明这种缺陷不能用智力缺陷来解释。他们的研究包括两个实验。具体来说，实验一是使用传统的基于事件的前瞻记忆任务，实验二是采用电脑巡游者游戏的基于时间的前瞻记忆任务。研究结果发现，与正常儿童相比，尽管

ADHD 儿童前瞻记忆成绩很差，但其监测燃料量的频率几乎与正常儿童相同。这说明，ADHD 儿童缺乏监测燃料量的有效策略，或者 ADHD 儿童缺乏恰当的时间知觉。同时，他们的研究也表明了基于时间的前瞻记忆与额叶相关，这与 McDaniel 等（1999）的观点一致（Martin et al.，2003；Nigro et al.，2002）。基于时间的前瞻记忆研究证明了 ADHD 儿童的前瞻记忆缺陷主要在于缺乏有效的策略。此外，Zinke 等（2010）使用经典的双任务范式考察了 ADHD 儿童基于时间的前瞻记忆。该研究的进行中任务采用 1-back 范式，要求被试判断当前图片和前一张图片是否相同；前瞻记忆任务是要求被试每隔两分钟按一下目标键。结果表明，两组被试在进行中任务上的表现没有差异；而在前瞻记忆任务上，ADHD 儿童的正确率显著低于正常组儿童的正确率，这说明 ADHD 儿童在时间知觉上可能存在缺陷。

此外，也有研究同时考察了 ADHD 儿童基于时间和基于事件的前瞻记忆的损伤情况。结果发现，ADHD 儿童基于事件的前瞻记忆并未受损，而基于时间的前瞻记忆完成情况较差（Altgassen et al.，2014；Brandimonte el al.，2011）。相对而言，这些研究采用的进行中任务更加符合日常生活情景，所以能极大地调动起儿童参与实验的积极性，这可能弥补了被试在策略组织方面的缺陷，因此，ADHD 儿童在基于事件的前瞻记忆任务中完成得比较好。例如，Altgassen 等（2014）采用的是模拟日常生活的计算机任务，让被试为即将来临的四位客人准备早餐。具体来说，研究者让被试为客人准备特定的食物（鸡蛋、面包等）和饮料（茶、果汁等），这些任务（如将茶放在桌子上）包含更加复杂的基于事件和基于时间的前瞻记忆任务。基于事件的前瞻记忆任务为：水开后沏茶使茶色变红；当报警声响时，转动蒸鸡蛋的开关等。而基于时间的前瞻记忆任务为：四分钟后从茶中取出茶包，或在客人到来前的五分钟将奶油放在桌子上等。

由上述可知，有关 ADHD 儿童基于事件的前瞻记忆的研究并未得出一致的结论。起初的研究发现 ADHD 儿童的前瞻记忆存在损伤（Kliegel et al.，2006），而后来的研究却发现 ADHD 儿童的前瞻记忆成绩与正常儿童无差异（Altgassen et al.，2014；Brandimonte et al.，2011）。基于时间的前瞻记忆方面的研究一致发现，ADHD 儿童基于时间的前瞻记忆的能力存在损伤。虽然研究都认为 ADHD

儿童没有回溯记忆问题，但其基于时间的前瞻记忆的一系列认知过程都受到了不同程度的损害，尤其是在前瞻记忆的意图形成阶段（Kliegel et al.，2000）。

综上所述，ADHD 儿童的前瞻记忆能力主要存在以下三方面缺陷：首先，ADHD 儿童的意向形成与保持的能力较差，因此在完成多重前瞻记忆任务时存在一定的困难（Kliegel et al.，2006）；其次，ADHD 儿童在策略监控方面存在缺陷（Kerns & Price，2001）；最后，ADHD 儿童在执行方面的表现同样较差（Martin & Kliegel，2003）。

7.4

ADHD 儿童的脑功能损伤

负责工作记忆功能的前额叶皮层出现功能障碍会直接影响 ADHD 儿童的短时存储能力。前额叶损伤患者由于注意调控能力低下，很难把注意力集中到被暗示的事物上，易受无关刺激干扰。这类患者要么注意力容易分散，要么注意力很难在不同事物或行为操作间切换。同时，大脑前额叶还参与行为的协调与控制，负责集中注意力和感知自我。这种由前额叶受损而引起的认知障碍会导致行为改变，如注意力不集中、学习成绩较差等（马漫修等，2009）。

ADHD 神经生理学研究主要集中于 ADHD 行为激活/唤起的损伤（Satterfield et al.，1974）以及刺激如何诱发合适的行为（Antrop et al.，2000）等方面。ERP 研究显示，ADHD 儿童大脑皮层的预备性注意功能下降（Grünewald-Züberbier et al.，1978）。正波 P300 在有线索和无线索条件下波幅都会下降（Jonkman et al.，1999；Leeuwen et al.，1998；Overtoom et al.，1998），这表明 ADHD 儿童的随意后注意系统没有被激活。当信号刺激停止后，相对于控制组被试，学前到学龄阶段的 ADHD 儿童的反应抑制系统的评估时间更长，更易变化。有研究者将 ADHD 儿童的这种表现归因于选择性注意损伤（Douglas，1999），早期的研究也将选择性注意作为短时记忆的控制加工速率存在局限的原因（Schneider &

Shiffrin，1977；Shiffrin & Schneider，1977）。Solanto 等（2001）的研究发现，动作任务中长时间的间隔会增加错误率，而且儿童的表现也更加富于变化。如果 ADHD 儿童完不成任务将会被惩罚，那么他们的表现会更差；及时给予奖励反馈组儿童的任务表现要好于其他组的表现（Crone et al.，2003）。根据 Barkley（1997b）提出的 ADHD 模型，刺激或事件的反应存在延迟时会产生一个机会窗口。然而，ADHD 个体利用时间延迟（刺激与反应之间）的能力受损，因此缺乏有效地处理与任务相关的时间成分能力（Douglas & Parry，1983）。Shallice 和 Burgess（1991）指出注意监督系统与前额叶相关联，而前额叶具有时间桥接的功能（Fuster，1989，1991）。因此，在合适的时间间隔后，额叶脑区的唤醒将有助于提示个体执行前瞻记忆任务。由此可见，前瞻记忆能力的干预训练可以通过 ADHD 儿童完成适宜时间间隔的前瞻记忆任务得以实现，随着训练成绩的逐渐提高，再延长时间间隔。

7.5

本 章 小 结

当前，ADHD 儿童前瞻记忆研究所涉及的变量还比较少而且单一。同时，已有研究主要关注年龄差异及前瞻记忆与回溯记忆的关系等问题，而对于造成某种研究结果的原因的进一步考究甚少，例如，ADHD 儿童前瞻记忆缺陷的原因、基于时间的前瞻记忆与时间知觉的关系等研究。

虽然研究者针对 ADHD 儿童的特点对前瞻记忆的实验室范式进行了改进，以期得到更精准的测量结果，但是，目前关于 ADHD 儿童的前瞻记忆研究依然存在一些问题。归纳起来，主要有以下四方面问题：首先，已有研究选择的被试多集中于混合型 ADHD 儿童（Siklos & Kerns，2004），并且多数研究对于被试所属类型不做区分（Kerns & Price，2001），忽略了 ADHD 儿童类型不同导致结果差异的可能性，因而无法得出较高效度的结论（由于被试个体因素未得到很好的控制）；其次，尽管研究对儿童的前瞻记忆范式进行了一定的修正，但是实验范式的信、效度并没有得到确切的验证；再次，ADHD 儿童主要的认知损伤是注意与计划障碍，而这种损伤和前瞻记忆的内容关联度很高（Berger & Ponser，2000；Pennington & Ozonoff，1996；Sergeant，2000），而这方面的研究还未深入，因此，可以将其作为前瞻记忆神经机制的研究参考，并在此基础上进行深入探究；最后，以往研究多侧重于对 ADHD 儿童执行功能的考察，对注意损伤的研究还比较欠缺。

从医学上讲，ADHD 是一种持续性疾病，如果能将 ADHD 儿童和具有其他共病症的 ADHD 儿童进行区别性研究，比较其前瞻记忆的异同，对推动 ADHD 儿童前瞻记忆研究的发展更有价值。近半个世纪以来，关于 ADHD 前瞻记忆的研究甚少，而且也都是集中于 ADHD 儿童的研究。从第二届 ADHD 研究的国际年会上不难看出，关于 ADHD 的成年个体研究也已经很广泛（Thome & Reddy，2009），只是多为影响因素及治疗、社会影响等方面的研究，而关于个体认知加工过程的研究几乎没有。因此，未来的研究方向可以转向 ADHD 成年个体的前瞻记忆研究。

ADHD 儿童在学习和生活的各个方面都受到困扰。ADHD 的治疗需要像鸡尾酒疗法那样，多种治疗方案配合使用才能取得最佳疗效（Spencer et al.，2007）。药物虽然能缓解 ADHD 儿童的注意分散、过度活动、易冲动等核心症状，但是对于人际交往障碍和学习困难等需要使用积极解决策略的行为问题而言，技能训练的作用要大于药物治疗的作用（Greydanus et al.，2007；Safren et al.，2005）。所以，必须重视家庭和学校方面的适当教育和管理，从心理疏导、治疗、辅导等多个角度进行综合干预。今后的研究可设计科学合理的前瞻记忆训练方案、课程和软件，针对 ADHD 儿童进行专门的认知和行为训练，从改善其学习技能、计划能力及抑制分心信息能力入手，进而促进 ADHD 儿童的学业成绩的提高。

第 **8** 章

阿尔茨海默病患者的
前瞻记忆

阿尔茨海默病又被称为老年痴呆症，是一种发生于老年个体身上的引起记忆逐渐丧失的神经衰退型疾病。其临床表现为记忆衰退、执行功能和语言障碍、视空间能力下降和人格改变等症状；发展到重度时，个体会开始出现行为、人格的变化，严重影响社交、职业与生活能力（Cummings et al.，2006）。1907 年，德国医生阿洛斯·阿尔茨海默首次描述这种疾病时这种疾病并不普遍。然而，这种病症在今天却很常见，并且已严重影响患病个体及其家庭的生活质量。

据国际阿尔茨海默病协会（Alzheimer's Disease International，ADI）发布的《2018 年阿尔茨海默病报告》，2018 年全球约有 5000 万人受阿尔茨海默病困扰，全球每 3 秒钟将有一位阿尔茨海默病患者产生。到 2050 年，全球阿尔茨海默病患者将增至 1.52 亿人，为目前人数的 3 倍之多。报告同时指出，2018 年全球阿尔茨海默病的相关治疗成本为 1 万亿美元[①]，到 2030 年，这一数字将增至 2 万亿美元（Patterson，2018）。而相关数据显示，中国约有 1.5 亿老年人口（≥65 岁）（中华人民共和国国家统计局，2011）（第六次全国人口普查，2010），65 岁以上老年人口的阿尔茨海默病患病率达到 3.21%，人数达到 800 万～1000 万人，阿尔茨海默病严重威胁着老年人的健康状况（Jia et al.，2014，2018）。有

---

① 1 美元≈6.7207 元人民币，更新时间：2019 年 4 月 26 日。

专家估计，我国每年用于治疗该病的费用需 1677 亿美元。到 2050 年预期相关治疗成本将增至 9 万亿美元。因此，防治阿尔茨海默病已成为全社会高度关注的问题之一。

根据病程发展的周期，阿尔茨海默病可分为前临床期（正常老化向痴呆过渡时期）和临床期，而临床期又分为轻度（早期）、中度（中期）和重度（晚期）三个阶段。其中，轻度期是阿尔茨海默病症状初始表现的时期，一般表现为患者的认知功能开始产生不同程度的衰退，即轻度认知障碍（mild cognitive impairment，MCI）。已往文献对患者认知特点的研究也多集中于这一阶段（王鹏云和李娟，2009；Doody et al.，2001）。在早期发现或预测该病，及早进行治疗，延缓病情发展，合理地安排家庭生活，以及提前做好安全防范措施等，无论对患者还是患者家属都具有重要的意义。因此，对该类病患预先的诊断和测量就显得尤为重要，并得到了研究者的广泛关注。

8.1

轻度认知功能障碍个体的前瞻记忆

8.1.1　前瞻记忆作为轻度认知功能障碍的筛查指标

在个体的正常老化与阿尔茨海默病之间存在一种过渡状态，即轻度认知障碍，也称轻度认知损伤或轻度认知损害（Peterson，2004）。轻度认知障碍处于阿尔茨海默病的前临床期（或称潜伏期），是指一种与年龄和教育程度不相符的认知功能减退，但尚未达到临床诊断标准的过渡状态。表现出轻度认知障碍的人群早期仅表现为记忆障碍，进而可能出现注意功能、语言能力、人格等方面的改变，这类人群具有极高的患病率（Peterson，2004）。

一些数据表明，前瞻记忆障碍可能是脑损伤的早期征兆。因为在阿尔茨海默病的早期阶段（Huppert & Beardsall，1993），前瞻记忆比回溯记忆受损更多，而且前瞻记忆任务比传统情景记忆测试对轻度认知障碍更为敏感（Blanco-Campal et al.，2009）。遗忘性轻度认知障碍（amnestic mild cognitive impairment，aMCI）通常伴随着前瞻记忆缺陷，这表明评估前瞻记忆缺陷可以提高轻度认知障碍诊断的准确性（Costa et al.，2011, 2012；Tam & Schmitter-Edgecombe，2013；Costa et al.，2015）。因此，对比轻度认知障碍患者与其他认知缺陷患者的前瞻记忆衰退情况，能在一定程度上确认前瞻记忆衰退作为轻度认知障碍或阿尔茨海默病诊断指标的敏感性。针对这一问题研究者进行了一系列研究。

有研究表明，阿尔茨海默病及其前临床期个体的前瞻记忆能力出现了明显的损伤（Jones et al.，2006；Karantzoulis et al.，2009）。McDaniel 等（2011）利用聚焦线索条件比较了极轻度痴呆被试和正常老年被试的前瞻记忆损伤情况。结果发现，在聚焦加工条件下，较正常老年被试而言，极轻度痴呆被试的前瞻记忆损伤程度更大，而轻度认知障碍与轻度痴呆被试的状态更为接近或相似。这是否意味着在前瞻记忆加工过程中，策略加工需求程度高的实验条件会使轻度认知障碍个体表现出与轻度痴呆患者相似的前瞻记忆成绩呢？Blanco-Campal 等（2009）对轻度认知障碍个体的前瞻记忆进行了研究，实验控制了指导语的特殊性和知觉的凸显性，结果发现在对策略加工需求最高（指导语不具体、目标词汇的知觉属性不明显）的实验条件下，轻度认知障碍个体的前瞻记忆成绩更差，即目标线索的具体性和凸显性是探测轻度认知障碍的敏感指标。而进行中任务变化条件对策略加工的需求度也较高，那么其是否也能作为探测轻度认知障碍的敏感指标呢？王丽娟等（2014）采用 2（被试组别：轻度认知障碍组/正常老年组）×3（进行中任务变化类型：无变化/顺序变化/随机变化）的被试间设计，探讨了进行中任务变化对轻度认知障碍患者基于事件的前瞻记忆的影响。结果表明：①轻度认知障碍患者的前瞻记忆成绩显著低于正常老年人的前瞻记忆成绩；②进行中任务变化对两组被试前瞻记忆和进行中任务的反应时影响存在显著差异：进行中任务变化越大，轻度认知障碍患者完成前瞻记忆任务和进行中任务的反应速度越慢；而正常老年被试则不受影响。这说明，进行中任务的变化也可以作为探测轻度认知障碍的敏感指标。Costa 等（2015）以基于时间的前瞻记忆任务探讨前瞻记忆评估能否有助于轻度认知障碍和健康被试的鉴别，甚至进行单一型轻度认知障碍和多样型轻度认知障碍的区分。结果显示，前瞻记忆任务提高了轻度认知障碍和健康被试的鉴别准确性，尤其是多样型轻度认知障碍。这种情况可能意味着对于多样型轻度认知障碍发展的高级阶段，由于额叶系统的参与，其发展为痴呆综合征的风险也更高（ Petersen，2010；Bozoki et al.，2001 ）。相反，在单一型轻度认知障碍中，记忆障碍由记忆巩固失败所引起，更可能体现阿尔茨海默病处于早期阶段（ Dubois et al.，2010 ）。

此外，有研究试图通过比较轻度认知障碍患者和其他类型痴呆患者在执行前瞻记忆任务中的脑区差别来获得阿尔茨海默病的诊断指标。一项轻度认知障碍患者与血管性痴呆（即多发性脑梗死或多发性脑中风）患者记忆功能的比较研究表明，与控制组相比，两种疾病患者的前瞻记忆与回溯记忆都呈下降趋势，且下降程度差异不显著。研究者认为，这是由于两种疾病同样损害了与这两种记忆相关的脑区。前额叶与长时前瞻记忆的意向保持关系密切，而血管性痴呆患者的前额叶皮层下损伤与轻度认知障碍患者的几处皮层功能衰退都包含了这一区域（ Livner et al.，2009 ）。因此，今后的研究可能需要对前瞻记忆加工的脑区进行进一步细化，才能使其成为具有甄别性的轻度认知障碍或阿尔茨海默病诊断指标。

8.1.2 轻度认知障碍个体的执行功能

执行功能是指不同认知加工过程之间的协同操作，在实现某一特定目标时，个体所使用的灵活而优化的认知功能，包括计划、工作记忆、冲动控制、抑制、定势转移或心理灵活性以及动作产生和监控等一系列功能。为了完成前瞻记忆任务，个体需要监控环境中提示执行意向的线索，然后在恰当时刻抑制正在进行的其他任务，而把注意力转移到前瞻记忆任务上来，这一过程在很大程度上依赖于执行功能（ Romine & Reynolds，2005；Tam & Schmitter-Edgecombe，2013 ）。而轻度认知障碍个体在任务转换加工、应对复杂记忆任务及抑制进行中任务的能力上都弱于正常被试。先前的研究证实，阿尔茨海默病患者和轻度认知障碍患者的前瞻记忆损伤与执行功能的减退有一定的关系（ Levinoff et al.，2005；Papagno et al.，2004；Perry & Hodge，1999 ）。还有研究显示，轻度认知障碍患者和正常老年被试的前瞻记忆任务成绩与执行功能测验成绩的相关显著（Grober et al., 2008）。Costa 等（2011）的实验要求单纯轻度认知障碍患者和执行功能障碍的轻度认知障碍患者完成基于时间的前瞻记忆任务，结果发现后者的前瞻成分损伤比前者更明显。王丽娟等（2014）认为，轻度认知障碍患者的前瞻记忆损伤可能是由执行功能受损造成的。由于轻度认知障碍患者的执行功能受到损伤，所以他们在抑制和转换等认知加工策略的使用上出现了困难和不足，尤其在加工策略需求程度高的实验条件下，这种认知缺陷愈加明显（Blanco-Campal et al., 2009；McDaniel et al., 2011；Tam & Schmitter-Edgecombe, 2013）。相对于单一进行中任务来说，有变化的进行中任务对认知策略的需求程度较高，这可能是导致轻度认知障碍个体前瞻记忆成绩差的主要原因。

8.2

阿尔茨海默病患者前瞻记忆
功能损伤及早期临床诊断

　　记忆衰退是大多数阿尔茨海默病患者最初也是最重要的症状之一（Hodges et al., 2000）。其中，记忆保持能力的下降或缺失是早期阿尔茨海默病患者的一个明显症状。研究表明，阿尔茨海默病患者的工作记忆、语义记忆、自传体记忆、情绪记忆以及部分内隐记忆都不同程度地受到了损害（祝春兰等，2014）。研究还发现，大部分早期阿尔茨海默病患者完成认知任务的能力也存在一定程度的损伤（Bäckman et al., 2005）。

　　阿尔茨海默病患者的临床治疗效果往往不佳。其原因之一就是当患者被诊断为患有阿尔茨海默病时，大多数患者的脑部已经有了很大程度的退化，因而阻碍了治疗效果。因此，早期诊断对后期的药物治疗和行为干预非常重要。长期以来，外显记忆受损一直被视为阿尔茨海默病的一个重要象征。研究者认为，患者因为丧失学习能力而导致外显记忆编码能力受损（Golby et al., 2005）。因此，以往研究主要集中探究患者回溯记忆的衰退情况，如考察其延迟后的自由回忆或字词再认能力（Slavin et al.，2002）。研究还发现，患者执行功能的变化甚至在前临床期就可以被发现（Albert et al.，2001；Baddeley et al.，2001）。

近年来，阿尔茨海默病患者的前瞻记忆衰退受到了研究者越来越多的关注。有研究使用美国心理学会（American Psychological Association，APA）系列数据库，以阿尔茨海默病和前瞻记忆两个关键词组合进行检索，共得到 27 个检索结果，其中近 50%（13 个）在 2009—2014 年的 5 年内发表（祝春兰等，2014）。

Maylor 等（2002）的研究发现，阿尔茨海默病患者基于事件和基于时间的前瞻记忆能力都有缺损。而且，该研究发现，对于这类患者中最早期的临床患者来说，前瞻记忆成绩确实可以作为一个独立的早期诊断指标。同样，Jones 等（2006）的研究也表明，在基于事件的前瞻记忆任务操作中，阿尔茨海默病患者的前瞻成分和回溯成分都受到类似的损伤。然而，Martins 和 Damasceno（2008）选取了 20 名轻度阿尔茨海默病患者和 20 名正常被试进行对比研究，结果显示，阿尔茨海默病患者无论在前瞻记忆还是在回溯记忆任务中，成绩均差于正常被试的成绩。但是，相比于前瞻记忆成绩，回溯记忆的成绩会更差。程怀东（2010）对阿尔茨海默病患者基于事件的前瞻记忆和基于时间的前瞻记忆能力进行了对比研究，结果表明，相对于基于时间的前瞻记忆能力来说，阿尔茨海默病患者在基于事件的前瞻记忆任务上的表现更差。

Kinsella 等（2007）尝试对轻度阿尔茨海默病患者的前瞻记忆能力进行评估。结果发现，在普通的前瞻记忆实验范式下，相对于正常老年被试，轻度阿尔茨海默病患者的前瞻记忆明显受损。但是，在后续的干预实验中，研究发现，间隔提取法对改善轻度阿尔茨海默病患者的前瞻记忆作用明显好于对正常老年被试的作用。实验在两种学习条件下进行：一种条件是单纯的空间唤起；另一种条件则为空间唤起加上对人物的精细编码。数据分析表明，大部分患者（63%）在第二种学习条件下表现得更好。

Martins 和 Damasceno（2008）对轻度认知损伤的阿尔茨海默病（mild cognitive impairment-Alzheimer's disease，MIC-AD）患者与正常被试的前瞻记忆和回溯记忆能力进行了比较。结果发现，患者回溯记忆的表现比前瞻记忆的表现更差，而前瞻记忆和注意、视觉感知、执行功能及抑郁指数都不相关。研究认为，MIC-AD 患者的前瞻记忆和回溯记忆的损伤是相互独立的。

　　同样，Blanco-Campal 等（2009）通过分别控制前瞻记忆指导语的特异性（即看见任何动物的词说"动物"，如看见"狮子"说"动物"）和前瞻记忆线索的显著性（即靶线索词是否用斜体字呈现），对 19 名 MCI-AD 患者与 21 名正常老年被试的前瞻记忆和回溯记忆能力进行对比研究。结果发现，对于较难的前瞻记忆任务（非特异性指导语和非感知显性线索），MIC-AD 患者在前瞻记忆任务上表现出的敏感度明显高于在回溯记忆任务上的敏感性。这说明前瞻记忆比回溯记忆更能表征此类患者的记忆损伤情况。其原因可能与前瞻记忆需要被试更多的自我激发能力有关。虽然此项研究的样本量有限，但该研究在一定程度上表明，MIC-AD 患者的前瞻记忆测量有助于为此类患者的早期诊断提供行为学依据。

　　阿尔茨海默病患者前瞻记忆受损与前瞻记忆任务有关，因为该任务要求更多地自我提取以及对线索探查的策略性，而阿尔茨海默病患者缺乏加工的资源。同时，阿尔茨海默病患者外显记忆的损害表现在编码、存储和提取的任意一个或多个阶段，而且阿尔茨海默病患者不仅是在记忆和信息的提取方面有困难，还存在记忆扭曲现象（Maylor et al.，2002）。因此，前瞻记忆测量可以作为早期阿尔茨海默病患者的临床诊断方法之一，这一发现无疑有着积极的理论和现实意义。

8.3

阿尔茨海默病患者前瞻记忆受损的生理机制

8.3.1　载脂蛋白 E-ε4 基因对前瞻记忆的影响

　　遗传学研究发现，早发家族性阿尔茨海默病表现为常染色体显性遗传，与 β-淀粉样蛋白基因、早老蛋白 1 基因和早老蛋白 2 基因突变有关；而载脂蛋白 Eε4 （apolipoprotein E4，ApoE，ApoE-ε4）基因是迟发家族性阿尔茨海默病和散发性阿尔茨海默病的易患基因。由于阿尔茨海默病患者中早发家族性阿尔茨海默病占少数，大部分为散发性阿尔茨海默病，所以 ApoE-ε4 基因是迟发家族性和散发性阿尔茨海默病的一个重要的威胁因素（Mahley & Rall，2000；Sanan et al.，1994；Tomiyama et al.，1999；Reitz & Mayeux，2009）。然而，在标准的神经心理学测试中，先前的一些研究并未发现 ApoE-ε4 基因有何不同（Bondi et al.，1999；Kim et al.，2002；Small et al.，1998，2000）。随着研究的不断深入，ApoE-ε4 基因从影响阿尔茨海默病患者前瞻记忆的众多因素中逐渐被分离出来，其与阿尔茨海默病患者前瞻记忆的关系也逐渐凸显出来。Dongés 等（2012）通过比较不同基因类型在前瞻记忆和回溯记忆中的作用，发现与无 ApoE-ε4 基因携带者相比，ApoE-ε4 基因携带者完成前瞻记忆任务存在更大的困难，研究认为 ApoE-ε4 基因与阿尔茨海默病患者的前瞻记忆能力下降有关（Qiu et al.，2003）。

以往关于 ApoE-ε4 携带与认知功能衰退关系的研究结论较为一致。元分析研究表明，ApoE-ε4 携带与老年人的一般认知功能、情景记忆、执行功能等的衰退有一定关系，但主要是与轻微衰退有关（Small et al.，2004）。另外，在阿尔茨海默病潜伏期 ApoE-ε4 与认知功能衰退的关联就已存在了（Bäckman et al.，2005）。

Driscoll 等（2005）发现，在基于事件的前瞻记忆任务操作中，与没有携带 ApoE-ε4 基因的老年被试相比，携带 ApoE-ε4 基因的老年被试的前瞻记忆能力损伤程度相对更为严重。Duchek 等（2006）探究了老年人及阿尔茨海默病患者的 ApoE-ε4 基因与前瞻记忆的关系，该实验选取了四组不同的被试：年轻被试（平均年龄为 20.2 岁）、相对年老被试（平均年龄为 72.5 岁）、年老被试（平均年龄为 86.8 岁）、轻度的阿尔茨海默病患者（平均年龄为 78.0 岁），且每组被试都按照拥有 ApoE-ε4 基因（记为 ε4）和缺少 ApoE-ε4 基因（记为 ε4-）分为两组，基于事件的前瞻记忆任务是在普通的知识测验过程中对特定的词做出反应。研究结果表明，相对于老年被试来说，轻度的阿尔茨海默病患者的前瞻记忆能力受损更为明显，但是老年被试与轻度的阿尔茨海默病患者在回溯记忆测验上的成绩均与年轻被试组有显著差异。然而，研究还发现，在年轻被试组中，ApoE-ε4 基因的出现与否并不影响其前瞻记忆水平，而在高龄老年被试中，老

年被试 ε4 个体基于事件的前瞻记忆的成绩比 ε4-个体的成绩还要好。但是，对于轻度的阿尔茨海默病患者来说，ε4 个体的前瞻记忆能力则明显差于 ε4-个体。据此，该研究认为前瞻记忆是早期诊断 AD 患者的一个重要指标。

8.3.2 脑区损伤对前瞻记忆的影响

通常认为，创伤性脑损伤患者的额叶区域受损会导致前瞻记忆有缺陷（Levine et al.，2002；Shum et al.，2011），而先前研究也表明，前瞻记忆的加工需要前额叶皮层的参与（Burgess et al.，2003；Kliegel et al.，2008；Simons et al.，2006）。早期阿尔茨海默病患者的中颞叶有损伤（Fox et al.，1996；Hoesen et al.，1999）。最近一项研究发现，处于潜伏期的阿尔茨海默病患者也出现前额皮层的变化（Van Der Flier et al.，2002）。

前瞻记忆的脑成像研究显示，部分脑区参与了前瞻记忆的预加工（即前瞻记忆中的前瞻成分加工）。尤其是在意向保持阶段，前额的多处部位被激活，包括最高前额回、内侧前额回以及双侧前脑回等区域（Burgess et al.，2001；Okuda et al.，1998）。Burgess 等（2000）的研究发现，在意向形成到实现之间的延迟阶段，中后顶部区域被激活，而中颞叶的损伤导致前瞻记忆中的回溯记忆部分受到影响，如海马和周围结构对编码、存储和信息的提取都有较大的影响（Nyberg et al.，1996；Squire，1986；Vargha-Khadem et al.，1997）。这些与中颞叶有关的多重脑部结构和功能在阿尔茨海默病确诊前均已受到影响。另外，阿尔茨海默病患者的大脑都存在萎缩现象，重量常小于 1000 克。特别是前额和颞顶叶区域体积减小（Van Der Flier，et al.，2002）、楔前叶血流量减少（Fox et al.，2000）、前额叶淀粉样蛋白斑块堆积、神经原纤维缠结等均可在潜伏期阿尔茨海默病患者身上发现。

王丽娟等（2013）通过梳理前瞻记忆脑机制的相关文献，分析 ADHD 儿童、阿尔茨海默病患者、酒精依赖症和内侧颞叶癫痫患者前瞻记忆的表现，从临床角度深入探讨了前瞻记忆神经机制问题。证据表明，前额皮层参与前瞻记忆的编码提取和监控过程，并与意向保持存在密切关系；丘脑与意向执行有关，与前额叶的互动在前瞻记忆监控中起着重要作用；内侧颞叶与编码来源的提取和意向激活都有密切的关系。研究认为，前额皮层在前瞻记忆加工过程中起着核心的作用，同时与丘脑内侧颞叶等区域相互作用，共同成为前瞻记忆编码、保持、提取和执行的神经基础。

8.4

早期阿尔茨海默病患者的前瞻记忆干预

Grandmaison 和 Simard（2003）分析了 17 种认知训练对阿尔茨海默病患者干预效果的研究，结果发现无错误学习（errorless learning，EL）技术和间隔性提取（spaced retrieval，SR）技术对早期阿尔茨海默病患者认知功能的改善较为明显。前者主要支持对新学习材料的编码，后者则支持对新学习材料的回忆。

8.4.1　无错误学习

无错误学习是由 Terrace（1963）最早提出来的，是指在不出现错误的前提下尽可能快地建立一个正确的行为反应的方法。所谓无错误，是与那些鼓励被试去猜测而可能犯错的学习条件相反，要求尽可能为被试创造一个避免犯错的学习条件，目的在于避免错误学习，从而改善认知能力。Baddeley 和 Wilson（1994）发现，无错误学习训练后，被试的正确反应次数增多，相对于控制组（错误学习），其记忆成绩得到明显改善。Clare 等（2001，2002，2003）在对阿尔茨海默病患者进行临床康复治疗研究时发现，结合其他一些记忆方法，利用无错误学习技术成功地帮助了一些阿尔茨海默病患者保持信息，而且疗效能够持续相当长一段时间。

但是，目前利用无错误学习对前瞻记忆进行干预的研究还未见诸文献。因此，下面将重点针对间隔性提取技术对前瞻记忆的干预效果进行分析。

8.4.2　间隔性提取

间隔性提取技术要求被试持续地、每隔一段时间间隔后准确地提取信息，从而进行学习和信息保持的训练。如果被试在每一次时间间隔后能够成功地提取信息，则延长下一个信息提取的间隔时间；如果没有成功提取，则告知被试正确答案，然后恢复到上一次成功提取的时间间隔。如此依次进行，最后不断地增加时间间隔，而被试通过反复的提取训练能够更好地掌握要记忆的信息。研究发现，间隔性提取技术之所以能够对前瞻记忆干预有效，是因为这种技术可能参与了内隐记忆系统（Camp et al.，1996；Bäckman，1992）。脑成像等研究发现，包括早期阿尔茨海默病患者在内的一些失忆患者，虽然其情景记忆等遭到破坏，控制性认知加工也受到较大影响，但其内隐记忆、程序性记忆和自动加工能力还相对保留完好（Ivanoiu et al.，2005），学习能力也比人们预想的要好。而前瞻记忆本身也是一种需要一定自动加工策略的记忆，因此，这种技术对前瞻记忆能力的干预有一定的效果。

很多研究表明，间隔性提取技术对早期阿尔茨海默病患者[①]的认知功能有一定的改善作用（McKitrick et al.，1992；Kinsella et al.，2007；Ozgis et al.，2009）。如 McKitrick 等（1992）采用间隔性提取技术对 4 名阿尔茨海默病患者进行干预训练，患者需要学会从一堆干扰物中挑选彩色优惠券，并在一周后提供给实验者，而后又有三种不同的优惠券成为新的训练目标。结果表明，阿尔茨海默病患者可以使用间隔性提取技术学习前瞻记忆任务，并且可以针对任务要求的变化进行调整。而在 Ozgis 等（2009）的研究中，他们选取了 40 名健康的老年被试和 30 名轻度认知障碍患者，并将其随机分配到间隔提取和标准提取（间隔时间不变）的学习条件下完成基于事件的前瞻记忆任务并接受不同干预。结果表明，间隔性提取技术对这些患者的前瞻记忆改善效果明显。此外，Kinsella 等（2007）比较了两种间隔提取（单一的间隔提取、与任务的精细编码组合的间隔提取）条件下早期阿尔茨海默病（n=16）老年人与健康老年人（n=16）前瞻记忆能力的干

[①]　在以往的研究中，研究者常将轻度认知障碍患者视为早期阿尔茨海默病患者（Jack et al.，2010）。

预效果。研究发现，与单一的间隔提取相比，早期阿尔茨海默病患者的前瞻记忆表现在组合提取条件下获益更多。同样，一些病例也显示，早期阿尔茨海默病患者的家人（Shepperd & Arkin，1991）或看护人（McKitrick & Camp，1993）可以运用这种训练方法有效训练阿尔茨海默病患者。因此，研究者提出，间隔性提取技术是一种基于修整过程的行为方法，能够逐渐地改善阿尔茨海默病患者的认知功能（Richardson-Klavehn & Bjork，1988；Wilson et al.，1989）。

间隔性提取技术的主要优势体现在以下四个方面。第一，间隔性提取技术包含多种内容，涉及信息的练习、合并以及积极回忆信息的尝试等，事实证明，这种主动的学习过程比被动的学习更有效（Bird，2001；Landauer & Bjork，1978）。第二，间隔性提取技术是一种渐进的、主动的训练技术，回忆的时间间隔随着被试记忆成绩的变化而变化，已经证明这种技术比集中重复更有效果（Toppino，1991）。第三，间隔性提取技术被认为更多地基于内隐记忆，因此，对外显记忆明显受损的阿尔茨海默病患者相对来说也更有效果（Camp et al.，1996；Hodges，2000）。研究发现，即使是早期的阿尔茨海默病患者，如果能够提供支持的学习环境，仍然可以改善其认知功能。第四，间隔性提取技术对改善一些相对简单的记忆信息的保持具有一定效果。

8.5

本 章 小 结

阿尔茨海默病是一个重要而有待进行深入探讨的课题。本章主要从轻度认知障碍个体的前瞻记忆、阿尔茨海默病患者的前瞻记忆功能损伤、早期诊断、生理机制以及干预措施四个方面探析了阿尔茨海默病患者的前瞻记忆，从临床角度出发，进一步获得了考察前瞻记忆加工机制的另一个研究视角。

如前所述，轻度认知障碍个体极有可能发展成为阿尔茨海默病患者。探索轻度认知障碍个体的前瞻记忆损伤情况，可以为阿尔茨海默病患者的前期诊断与筛查提供临床依据。已有研究结果一致表明，轻度认知障碍个体的前瞻记忆成绩显著低于正常老年被试的成绩，这主要与轻度认知障碍个体的执行功能损伤有关（王丽娟等，2014），但是这一人群的前瞻记忆损伤与执行功能之间的明确关系还有待进行进一步探讨。先前对阿尔茨海默病患者的前瞻记忆研究已经得出：对于阿尔茨海默病患者，无论执行基于时间的前瞻记忆任务，还是执行基于事件的前瞻记忆任务，相对于正常被试来说，其都表现出一定程度的前瞻记忆功能损伤（Maylor et al.，2002）。然而，相对于基于时间的前瞻记忆来说，阿尔茨海默病患者在基于事件的前瞻记忆任务操作中表现更差（程怀东，2010）。这可能因为基于事件的前瞻记忆提取更多地依赖于前额叶皮层，而阿尔茨海默病患者通常存在前额叶皮层损伤。对于阿尔茨海默病患者的前瞻记忆和回溯记忆的研究表明，阿尔茨海默病患者的回溯记忆相对于前瞻记忆表现更差（Martins & Damasceno，2008；Livner et al.，2009），这在一定程度上说明了前瞻记忆和回溯记忆是两个不同的记忆成分，也说明了前瞻记忆测量对阿尔茨海默病患者的早期诊断所做的贡献是独立的（Jones et al.，2006）。但是，这并不否认从其他方面对早期阿尔茨海默病患者进行诊断，只是说明前瞻记忆测量可以作为诊断阿尔茨海默病患者的一个辅助工具，但现在还有待进一步确定精确的量化指标和判定标准。

由于前瞻记忆的加工过程和加工机制以及阿尔茨海默病患者的致病机理均有待进行进一步深入研究，所以本章未对阿尔茨海默病患者的前瞻记忆损伤机制做过多的论述，只是着眼于遗传因素及后天脑损伤两方面对阿尔茨海默病患者的前瞻记忆损伤机制进行探讨。遗传学方面主要从 AopE-ε4 基因的存在与否加以探究，研究者起初并未发现有无 AopE-ε4 基因对阿尔茨海默病患者的前瞻记忆有不同影响，但是随着将 AopE-ε4 基因从影响阿尔茨海默病患者前瞻记忆的众多因素中分离出来，其对阿尔茨海默病患者的前瞻记忆的影响也逐渐凸显。关于脑损伤对阿尔茨海默病患者前瞻记忆影响方面的研究相对较少，大都将二者分开研究，然而本章并未将其分开进行论述，只是选取二者共同的影响因素稍加叙述，如早期阿尔茨海默病患者的中颞叶有损伤（Fox et al.，1996；Hoesen et al.，1999），而中颞叶的损伤导致前瞻记忆中的回溯记忆成分受到影响，使得阿尔茨海默病患者在完成前瞻记忆任务时相对于正常被试来说表现得更差。

　　虽然上文介绍了阿尔茨海默病患者的前瞻记忆功能损伤及其损伤的生理机制，但最终目的是对早期阿尔茨海默病患者受损的前瞻记忆予以干预，使得轻度的阿尔茨海默病患者的前瞻记忆能力能够在一定程度上得到改善与提高，让他们能够重返正常生活。尽管不同的研究者提供了不同的针对阿尔茨海默病患者的干预训练，但是，研究发现，无错误学习技术和间隔性提取技术对早期阿尔茨海默病患者认知功能的改善较为明显。由于这两种干预技术对阿尔茨海默病患者的前瞻记忆的改善还未曾见诸文献，所以究竟其干预效果如何还需今后的研究者进行进一步检验。

　　总之，阿尔茨海默病患者的前瞻记忆作为一个交叉性课题，其研究的进展不仅需要医学研究者的努力钻研，也需要心理学研究者尤其是前瞻记忆研究者的大力推进。只有这样，随着研究理论的不断完善、研究设备的相继更新、研究方法的不断突破以及实验生态效度的进一步拓展，阿尔茨海默病患者前瞻记忆的研究中一些悬而未解的问题才能得到有效解决。

专栏

前瞻记忆能力的评估与测量

由于前瞻记忆研究兴起的历史不长，其加工过程和机制仍有很多不解之处。因此，其诊断或测量至今也没有一个统一的标准方法或量表可依。虽然也有一些记忆量表用于包括前瞻记忆在内的一般的记忆能力测量，其中可能有少数题目与前瞻记忆相关，如日常记忆问卷（Everyday Memory Questionnaire，EMQ）（Sunderland et al.，1984）、记忆功能问卷（the Memory Functioning Questionnaire，MFQ）（Gilewski & Zelinski，1988）、主观记忆问卷（the Subjective Memory Questionnaire，SMQ）（Bennett-Levy & Powell，1980）、日常记忆经验调查（the Inventory of Everyday Memory Experiences，IEME）（Herrmann & Neisser，1978）和认知失败问卷（the Cognitive Failures Questionnaire，CFQ）（Broadbent et al.，1982）等。但目前专门用于前瞻记忆测量的、见诸文献的主要有前瞻记忆问卷（the Prospective Memory Questionnaire，PMQ）和前瞻记忆综合评估（the Comprehensive Assessment of Prospective Memory，CAPM）（Wilson et al.，2005）。

PMQ 是第一个专门用来测量前瞻记忆的调查问卷，包括 4 个方面的 52 道题目：①长时情节性记忆（如"我忘了在规定时间前把书还回图书馆"）；②短时习惯性记忆（如"我忘了寄信前贴上邮票"）；③有助记忆的技巧（如"我在心里反复默诵一些事来记住它们"）；④内在线索的记忆（如"我忘了在一个句子中间我想说的话"）（Hannon et al.，1995）。Hannon 等（1995）曾经进行一个 PMQ 的信度和效度的研究，要求被试（114 名普通学生、27 名健康的退休居民、15 位有轻微脑损伤的社区大学学生）完成 4 项短时前瞻记忆任务，2 项长时前瞻记忆任务，并且填写 PMQ 问卷。结果发现，PMQ 能够明显地区分出轻微脑损伤患者组和控制组。

CAPM 是一种用来评估脑损伤患者前瞻记忆错误频率的调查问卷（Waugh，1999）。作为一种专门测量前瞻记忆的调查问卷，CAPM 比 PMQ 更趋完善。除了测量前瞻记忆错误频率，它还能评估对于这些记忆失误的关注的量化感知以及为什么前瞻记忆任务成功或失败的原因（Roche et al., 2005）。目前 CAPM 主要是设计被用到那些轻微脑损伤患者身上。它包括 3 个部分：①前瞻记忆错误频率（39 题）；②关注这些错误的量（39 题）；③前瞻记忆成功或失败的原因（15 题）。

CAPM 显示了其作为一种有效的临床评估工具的潜在价值。Chau 等（2007）对 CAPM 的心理测量属性（包括重测效度和内在一致性）进行了探究，通过比较基于不同性别、年龄、教育程度的脑损伤被试的 CAPM 建立常模数据。结果发现，CAPM 的重测效度和内部一致性都在可接受范围内。这说明 CAPM 可以提供一个稳定的、同质的个体前瞻记忆错误的自我报告的测量。

R参考文献
eferences

巴特莱特. （1998）. *记忆：一个实验的与社会的心理学研究*. 黎炜，译. 杭州：浙江教育出版社.

陈思佚，周仁来.（2010）. 前瞻记忆需要经过策略加工：来自眼动的证据. *心理学报, 42*（12），
1128-1136.

陈幼贞，黄希庭，袁宏.（2010）. 一种混合型前瞻记忆的加工机制. *心理学报, 42*（11），1040-1049.

程怀东.（2010）. *前瞻性记忆的神经机制及其在阿尔茨海默病早期诊断中的应用*（博士学位论文）.
安徽医科大学.

窦刚，翁世华.（2009）. 初三学生时间管理倾向与前瞻记忆能力的关系. *心理科学, 32*（5），
1138-1141.

高桦，杨治良. （1997）. 前意识模型的提出和大学生情绪——心境的实验研究. *心理科学,
20*（3），212-216.

郭纬（2008）. *老年人基于事件的前瞻记忆影响因素及脑机制研究*（博士学位论文）. 华东师范
大学.

郭秀艳，杨治良，周颖.（2003）. 意识——无意识成分贡献的权衡现象——非文字再认条件下. *心
理学报, 35*（4），441-446.

李寿欣，宋艳春.（2006）. 不同认知方式中小学生的前瞻记忆的研究. *心理发展与教育, 22*（2），
18-22.

李寿欣，丁兆叶，张利增.（2005）. 认知方式与线索特征对前瞻记忆的影响. *心理学报, 37*（3），
320-327.

李寿欣，董立达，宫大志.（2008）. 注意状态、认知方式与前瞻记忆的 TAP 效应. *心理学报,
40*（11），1149-1157.

刘伟.（2007）. *前瞻记忆的发展研究：认知负载与任务情境的视角*（博士学位论文）. 华东师范
大学.

刘伟.（2014）. *前瞻记忆：社会心理学的视野*. 北京：北京大学出版社.

刘伟，王丽娟.（2004）. 焦虑情绪和年龄因素对前瞻记忆成绩影响的研究. *心理科学, 27*（6），
1304-1306.

刘伟，王丽娟.（2006）. 前瞻记忆的年龄效应. *心理科学, 29*（5），1174-1177.

马漫修, 王丽娟, 于洪娜. (2009). 注意缺陷多动障碍的研究与治疗. *医学与哲学*, 30 (9), 71-73.

彭聃龄. (2001). *普通心理学 (修订版)*. 北京: 北京师范大学出版社.

孙长华, 吴志平, 吴振云, 许淑莲, 闫希威, 周晓蓉等. (1992). 7～19 岁时期记忆的发展研究. *应用心理学*, 7 (1), 15-21.

王丽娟. (2006). *前瞻记忆的加工机制及其影响因素: 发展的视角* (博士学位论文). 华东师范大学.

王丽娟, 于战宇. (2015). 认知方式与线索提示对学龄儿童基于事件前瞻记忆的影响. *浙江大学学报 (人文社会科学版)*, 45 (3), 177-186.

王丽娟, 刘伟, 杨治良. (2011). 线索特征和提示对基于事件前瞻记忆的影响. *心理科学*, 34 (2), 328-331.

王丽娟, 田翠, 武侠. (2013). 前瞻记忆的神经机制: 来自临床研究的证据. *心理科学*, 36 (5), 1267-1272.

王丽娟, 王淑燕, 刘伟. (2006). 儿童前瞻记忆研究述评. *心理科学进展*, 14 (1), 60-65.

王丽娟, 张哲, 张常锋, 李广政, 于战宇. (2014). 进行中任务变化对轻度认知功能障碍者基于事件前瞻记忆的影响. *心理学报*, 46 (10), 1454-1462.

王丽娟, 吴韬, 邱文威, 叶媛, 马薇薇, 李霓. (2010). 青少年基于事件的前瞻记忆: 认知方式和情绪. *心理科学*, 33 (5), 1244-1247.

王鹏云, 李娟. (2009). 轻度认知损伤的语义记忆研究述评. *心理科学进展*, 17 (5), 931-937.

王青, 焦书兰, 杨玉芳. (2003). 基于事件的前瞻性记忆的年老化. *心理学报*, 35 (4), 476-482.

王永跃, 张芝, 葛列众, 王健. (2005). 任务中断对幼儿前瞻记忆的影响. *心理科学*, 28 (1), 235-237.

西格蒙德·弗洛伊德. (2000). *日常生活的精神病理学*. 彭丽新, 等译. 北京: 国际文化出版公司.

杨红玲. (2011). 儿童前瞻记忆任务重要性效应的实验研究. *新课程 (教研版)*, 1, 85-86.

杨治良, 李林. (2003). 意识和无意识权衡现象的四个特征. *心理科学*, 26 (6), 962-966.

杨治良, 高桦, 郭力平 (1998). 社会认知具有更强的内隐性——兼论内隐和外显的 "钢筋水泥" 关系. *心理学报*, 30 (1), 1-6.

杨治良, 孙连荣, 唐菁华. (2012). *记忆心理学 (第三版)*. 上海: 华东师范大学出版社.

杨治良, 郭力平, 王沛, 陈宁. (1999). *记忆心理学 (第二版)*. 上海: 华东师范大学出版社.

袁正守. (1992). 《教育大辞典》. *辞书研究*, (6), 58-58.

张磊, 郭力平, 许蓓君. (2003). 儿童前瞻记忆的发展研究. *心理科学*, 26 (6), 1123-1124.

张拓基, 陈会昌. (1985). 关于编制气质测验量表及其初步试用的报告. *山西大学学报 (哲学社会科学版)*, 4, 73-77.

赵晋全. (2002). *前瞻记忆的特点、机制和应用研究* (博士学位论文). 华东师范大学.

赵晋全, 郭力平. (2000). 前瞻记忆研究评述. *心理科学*, 23 (4), 466-469.

赵晋全, 杨治良. (2002). 前瞻记忆提取的自动加工、策略加工和控制加工. *心理科学*, 25 (5), 523-526.

赵晋全, 杨治良, 秦金亮, 郭力平. (2003). 前瞻记忆的自评和延时特点. *心理学报*, 35 (4),

455-460.

周志远.（2005）. 多动的儿童与 ADHD. *生命世界*, *12*, 39-43.

祝春兰, 刘伟, 马亮, 张利.（2014）. 轻度阿尔茨海默病患者的前瞻记忆. *心理科学进展*, *22*（12）, 1875-1881.

中华人民共和国国家统计局. （2011）. 2010 年第六次全国人口普查主要数据公报（第 1 号）. *中国计划生育学杂志*, *54*（8）, 511-512.

Aberle, I., & Kliegel, M.（2010）. Time-based prospective memory performance in young children. *European Journal of Developmental Psychology*, *7*（4）, 419-431.

Aberle, I., Rendell, P. G., Rose, N. S., McDaniel, M. A., & Kliegel, M.（2010）. The age prospective memory paradox：Young adults may not give their best outside of the lab. *Developmental Psychology*, *46*（6）, 1444-1453.

Ach, N.（1935）. Analyse des Willens. In E. Abderhalden（Ed.）, *Handbuch der Biologischen Arbeitsmethoden*（Vol.6）. Berlin：Urban & Schwarzenberg.

Albert, M. S., Moss, M. B., Tanzi, R., & Jones, K.（2001）. Preclinical prediction of AD using neuropsychological tests. *Journal of the International Neuropsychological Society*, *7*（5）, 631-639.

Alloway, T. P., Gathercole, S. E., Willis, C., & Adams, A. M.（2004）. A structural analysis of working memory and related cognitive skills in young children. *Journal of Experimental Child Psychology*, *87*（2）, 85-106.

Altgassen, M., Kretschmer, A., & Kliegel, M.（2014）. Task dissociation in prospective memory performance in individuals with ADHD. *Journal of Attention Disorders*, *18*（7）, 617-624.

Altgassen, M., Phillips, L. H., Henry, J. D., Rendell, P. G., Kliegel, M.（2010）. Emotional target cues eliminate age differences in prospective memory. *The Quarterly Journal of Experimental Psychology*, *63*（6）, 1057-1064.

American Psychiatric Association.（2000）. *Diagnostic and Statistical Manual of Mental Disorders*（4th Ed.）. Washington, DC.

American Psychiatric Association.（2013）. *Diagnostic and Statistical Manual of Mental Disorders*（5th Ed.）. Arlington：American Psychiatric Publishing.

Anderson, J. R.（1983）. A spreading activation theory of memory. *Journal of Verbal Learning and Verbal Behavior*, *22*（3）, 261-295.

Andrewes, D. G., Kinsella, G., & Murphy, M.（1996）. Using a memory handbook to improve everyday memory in community-dwelling older adults with memory complaints. *Experimental Aging Research*, *22*（3）, 305-322.

Antrop, I., Roeyers, H., Oost, P. V., & Buysse, A.（2000）. Stimulation seeking and hyperactivity in children with ADHD. *Journal of Child Psychology and Psychiatry*, *41*（2）, 225-231.

Andersen, S. M., & Chen, S.（2002）. The relational self：An interpersonal social-cognitive theory. *Psychological Review*, *109*（4）, 619-645.

Andersen, S. M., & Cole, S. W.（1990）. "Do I know you?"：The role of significant others in general social perception. *Journal of Personality and Social Psychology*, *59*（3）, 384-399.

Atkinson, R. C., & Shiffrin, R. M. (1968). Human memory: A proposed system and its control processes. *Psychology of Learning and Motivation*, *2*, 89-195.

Atkinson, R. C., & Shiffrin, R. M. (1971). The control of short-term memory. *Scientific American*, *225* (2), 82-91.

Bäckman, L. (1992). Memory training and memory improvement in Alzheimer's disease: Rules and exceptions. *Acta Neurologica Scandinavica*, *85* (139), 84-89.

Bäckman, L., Jones, S., Berger, A. K., Laukka, E. J., & Small, B. J. (2005). Cognitive impairment in preclinical Alzheimer's disease: A meta-analysis. *Neuropsychology*, *19* (4), 520-531.

Baddeley, A. D. (1986). *Working Memory.* Oxford: Clarendon Press.

Baddeley, A. D. (1992). Working memory. *Science*, *255* (5044), 556-559.

Baddeley, A. D. (1996). Exploring the central executive. *The Quarterly Journal of Experimental Psychology*, *49* (1), 5-28.

Baddeley, A. D. (2000). The episodic buffer: A new component of working memory? *Trends in Cognitive Sciences*, *4* (11), 417-423.

Baddeley, A. D. (2001). Is working memory still working? *American Psychologist*, *56* (11), 851-864.

Baddeley, A. D., & Hitch, G. J. (1974). Working memory. *Psychology of Learning and Motivation*, *8*, 47-89.

Baddeley, A. D., & Hitch, G. J. (1994). Developments in the concept of working memory. *Neuropsychology*, *8* (4), 485-493.

Baddeley, A. D., & Hitch, G. J. (2000). Development of working memory: Should the Pascual-Leone and the Baddeley and Hitch models be merged? *Journal of Experimental Child Psychology*, *77* (2), 128-137.

Baddeley, A. D., & Logie, R. (1999). Working Memory: The Multiple-Component Model. In A. Miyake, & P. Shah (Eds.), *Models of Working Memory: Mechanisms of Active Maintenance and Executive Control* (pp. 28-61). Cambridge: Cambridge University Press.

Baddeley, A. D., & Wilkins, A. (1984). Taking Memory Out of the Laboratory. In J. E. Harris, & P. E. Morris (Org.), *Everyday Memory, Actions and Absent-Mindedness* (pp.1-17). London: Academic Press.

Baddeley, A. D., & Wilson, B. A. (1994). When implicit learning fails: Amnesia and the problem of error elimination. *Neuropsychologia*, *32* (1), 53-68.

Baddeley, A. D., Baddeley, H., Bucks, R., & Wilcock, G. (2001). Attentional control in Alzheimer's disease. *Brain*, *124* (8), 1492-1508.

Baldwin, M. W. (1992). Relational schemas and the processing of social information. *Psychological Bulletin*, *112* (3), 461-484.

Baldwin, M. W., & Holmes, J. G. (1987). Salient private audiences and awareness of the self. *Journal of Personality & Social Psychology*, *52* (6), 1087-1098.

Bargh, J. A., & Chartrand, T. L. (1999). The unbearable automaticity of being. *American Psychologist*, *54* (7), 462-479.

Barkley, R. A. (1997a). *ADHD and the Nature of Self-Control*. New York: Guilford Press.

Barkley, R. A. (1997b). Behavioral inhibition, sustained attention, and executive functions: Constructing a unifying theory of ADHD. *Psychological Bulletin*, *121* (1), 65-94.

Barkley, R. A. (2006). The relevance of the still lectures to attention-deficit/hyperactivity disorder: A commentary. *Journal of Attention Disorders*, *10* (2), 137-140.

Beal, C. R.(1988). The Development of Prospective Memory Skills. In M. M. Gruneberg, P. E. Morris, & R. N. Sykes (Eds.), *Practical Aspects of Memory: Current Research and Issues* (Vol. 1, pp. 366-370). Chichester: Wiley.

Becker, J. T. (1994). Introduction to the special section: Working memory and neuropsychology—Interdependence of clinical and experimental research. *Neuropsychology*, *8* (4), 483-484.

Benes, F. M. (2001). The Development of Prefrontal Cortex: The Maturation of Neurotransmitter Systems and Their Interactions. In M. L. Collins (Eds.), *Handbook of Developmental Cognitive Neuroscience* (pp.79-92). Cambridge: MIT Press.

Bennett-Levy, J., & Powell, G. E. (1980). The Subjective Memory Questionnaire (SMQ). An investigation into the self-reporting of 'real-life'memory skills. *British Journal of Social and Clinical Psychology*, *19* (2), 177-188.

Benoit, R. G., Gilbert, S. J., Frith, C. D., & Burgess, P. W. (2012). Rostral prefrontal cortex and the focus of attention in prospective memory. *Cerebral Cortex*, *22* (8), 1876-1886.

Berg, S. M. (2002). *Prospective Memory: From Intention to Action*. Eindhoven: Technische Universiteit Eindhoven.

Berger, A., & Posner, M. (2000). Pathologies of brain attentional networks. *Neuroscience & Biobehavioral Reviews*, *24* (1), 3-5.

Bialek, A. K. (2009). *Prospective Memory Development Through Childhood into Adolescence*. Edinburgh: The University of Edinburgh.

Bird, M. (2001). Behavioural difficulties and cued recall of adaptive behaviour in dementia: Experimental and clinical evidence. *Neuropsychological Rehabilitation*, *11* (3-4), 357-375.

Birenbaum, G. (1930). Studies on the psychology of action and affect. *Psychologische Forschung*, *13*, 218-284.

Bisiacchi, P. S., Cona, G., Schiff, S., & Basso, D. (2011). Modulation of a fronto-parietal network in event-based prospective memory: An rTMS study. *Neuropsychologia*, *49* (8), 2225-2232.

Bisiacchi, P. S., Schiff, S., Ciccola, A., & Kliegel, M. (2009). The role of dual-task and task-switch in prospective memory: Behavioural data and neural correlates. *Neuropsychologia*, *47* (5), 1362-1373.

Blanco-Campal, A., Coen, R. F., Lawlor, B. A., Walsh, J. B., & Burke, T. E. (2009). Detection of prospective memory deficits in mild cognitive impairment of suspected Alzheimer's disease etiology using a novel event-based prospective memory task. *Journal of the International Neuropsychological Society*, *15* (1), 154-159.

Block, R. A., Zakay, D., & Hancock, P. A. (1999). Developmental changes in human duration judgments: A meta-analytic review. *Developmental Review*, *19* (1), 183-211.

Bondi, M. W., Salmon, D. P., Galasko, D., Thomas, R. G., & Thal, L. J.(1999). Neuropsychological function and apolipoprotein E genotype in the preclinical detection of Alzheimer's disease. *Psychology and Aging*, *14* (2), 295-303.

Bowman, C., Cutmore, T., & Shum, D. (2015). The development of prospective memory across adolescence: An event-related potential analysis. *Frontiers in Human Neuroscience*, *9*, 362-362.

Bozoki, A., Giordani, B., Heidebrink, J. L., Berent, S., & Foster, N. L. (2001). Mild cognitive impairments predict dementia in nondemented elderly patients with memory loss. *Archives of Neurology*, *58* (3), 411-416.

Brandimonte, M. A. (1991). Ricordare il futuro Remembering the future. *Giornale Italiano di Psicologia*, *3*, 351-374.

Brandimonte, M. A., & Passolunghi, M. C.(1994). The effect of cue - familiarity, cue - distinctiveness, and retention interval on prospective remembering. *The Quarterly Journal of Experimental Psychology*, *47* (3), 565-587.

Brandimonte, M. A., Einstein, G. O., & McDaniel, M. A. (1996). *Prospective Memory: Theory and Applications*. Hillsdale: Lawrence Erlbaum Associates.

Brandimonte, M. A., Ferrante, D., Feresin, C., & Delbello, R. (2001). Dissociating prospective memory from vigilance processes. *Psicológica*, *22* (1), 97-113.

Brandimonte, M. A., Filippello, P., Coluccia, E., Altgassen, M., & Kliegel, M. (2011). To do or not to do? Prospective memory versus response inhibition in Autism Spectrum Disorder and Attention-Deficit/Hyperactivity Disorder. *Memory*, *19* (1), 56-66.

Breneiser, J. E., & McDaniel, M. A. (2006). Discrepancy processes in prospective memory retrieval. *Psychonomic Bulletin & Review*, *13*, 837-841.

Broadbent, D. E., Cooper, P. F., FitzGerald, P., & Parkes, K. R. (1982). The cognitive failures questionnaire (CFQ) and its correlates. *British Journal of Clinical Psychology*, *21* (1), 1-16.

Brom, S. S., Schnitzspahn, K. M., Melzer, M., Hagner, F., Bernhard, A., & Kliegel, M.(2014). Fluid mechanics moderate the effect of implementation intentions on a health prospective memory task in older adults. *European Journal of Ageing*, *11* (1), 89-98.

Burgess, P. W., & Shallice, T.(1997). The relationship between prospective and retrospective memory: Neuropsychological evidence. *Cognitive Models of Memory*, *5*, 249-256.

Burgess, P. W., Gonen-Yaacovi, G., & Volle, E.(2011). Functional neuroimaging studies of prospective memory: What have we learnt so far? *Neuropsychologia*, *49* (8), 2246-2257.

Burgess, P. W., Quayle, A., & Frith, C. D. (2001). Brain regions involved in prospective memory as determined by positron emission tomography. *Neuropsychologia*, *39* (6), 545-555.

Burgess, P. W., Scott, S. K., & Frith, C. D. (2003). The role of the rostral frontal cortex (area 10) in prospective memory: A lateral versus medial dissociation. *Neuropsychologia*, *41* (8), 906-918.

Burgess, P. W., Alderman, N., Evans, J. J., Wilson, B. A., Emslie, H., & Shallice, T. (1996). Modified Six Elements Test. In B. A. Wilson, N. Alderman, P. W. Burgess, H. Emslie, & J. J. Evans

（Eds.），*Behavioral Assessment of the Dysexecutive Syndrome*. Bury St. Edmunds: Thames Valley Test Company.

Burgess, P. W., Dumontheil, I., Gilbert, S. J., Okuda, J., Schölvinck, M. L., & Simons, J. S. （2008）. On the Role of Rostral Prefrontal Cortex（area 10）in Prospective Memory. In M. Kliegel, M. A. McDaniel, & G. O. Einstein （Eds.）, *Prospective Memory: Cognitive, Neuroscience, Developmental, and Applied Perspectives* （pp. 235-260）. New York: Taylor & Francis Group/Lawrence Erlbaum Associates.

Burgess, P. W., Veitch, E., De, L. C. A., & Shallice, T. （2000）. The cognitive and neuroanatomical correlates of multitasking. *Neuropsychologia*, *38*（6）, 848-863.

Cabeza, R., Ciaramelli, E., Olson, I. R., & Moscovitch, M. （2008）. The parietal cortex and episodic memory: An attentional account. Nature Reviews. *Neuroscience*, *9*（8）, 613-625.

Caeyenberghs, K., De Bruycker, W., Helsen, L. L., & d'Ydewalle, G. （2005）. *The Fractionation of Executive Functioning in Prospective Memory: The Effect of Task Complexity.* Paper presented at the 2nd International Conference on Prospective Memory. Zürich, Switzerland.

Camp, C. J., Foss, J. W., Stevens, A. B., & O'Hanlon, A. M.（1996）. Improving Prospective Memory Task Performance in Persons with Alzheimer's Disease. In M. Brandimonte, G. O. Einstein, & M. A. McDaniel （Eds.）, *Prospective Memory: Theory and Applications* （pp.351-367）. Mahwah: Erlbaum.

Carelli, M. G., Forman, H., & Mäntylä, T.（2008）. Sense of time and executive functioning in children and adults. *Child Neuropsychology*, *14*（4）, 372-386.

Carey, C. L., Woods, S. P., Rippeth, J. D., Heaton, R. K., Grant, I., & the HIV Neurobehavioral Research Center （HNRC） Group. （2006）. Prospective memory in HIV-1 infection. *Journal of Clinical and Experimental Neuropsychology*, *28*（4）, 536-548.

Case, R. （1995）. Capacity-Based Explanations of Working Memory Growth: A Brief History and Reevaluation. In F. E. Weinert, & W. Schneider（Eds.）, *Memory Performance and Competencies: Issues in Growth and Developmen.* （pp. 23-44）. Hove, East Sussex: Psychology Press.

Caviness, V., Kennedy, D., Richelme, C., Rademacher, J., & Filipek, P. （1996）. The human brain age 7~11 years: A volumetric analysis based on magnetic resonance images. *Cerebral Cortex*, *6*（5）, 726-736.

Ceci, S. J., & Bronfenbrenner, U. （1985）. "Don't forget to take the cupcakes out of the oven": Prospective memory, strategic time-monitoring, and context. *Child Development*, *56*（1）, 152-164.

Ceci, S. J., Baker, J. G., & Bronfenbrenner, U. （1988）. Prospective Remembering, Temporal Calibration, and Context. In M. M. Gruneberg, P. E. Morris, & R. N. Sykes （Eds.）, *Practical Aspects of Memory: Current Research and Issues*（Vol.1, pp.360-365）. Oxford: John Wiley & Sons.

Chau, L. T., Lee, J. B., Fleming, J., Roche, N., & Shum, D. （2007）. Reliability and normative data for the Comprehensive Assessment of Prospective Memory （CAPM）. *Neuropsychological Rehabilitation*, *17*（6）, 707-722.

Cheie, L., Miclea, M., & Visu-Petra, L. （2014）. What was I supposed to do? Effects of individual differences in age and anxiety on preschoolers' prospective memory. *International Journal of Behavioral Development, 38* (1), 52-61.

Chen, S., & Andersen, S. M. (1999). Relationships From the Past in the Present: Significant-Other Representations and Transference in Interpersonal Life. In M. P. Zanna (Ed.), *Advances in Experimental Social Psychology* (Vol. 31, pp. 123-190) . New York: Academic Press.

Chen, S., Fitzsimons, G. M., & Andersen, S. M.(2007). Automaticity in close relationships. In Bargh, J. A., *Social Psychology and the Unconscious: The Automaticity of Higher Mental Processes* (pp.133-172) . Hove, East Sussex: Psychology Press.

Cherry, K. E., & LeCompte, D. C. (1999) . Age and individual differences influence prospective memory. *Psychology and Aging, 14* (1), 60-76.

Cherry, K. E., Martin, R. C., Simmons-D'Gerolamo, S. S., Pinkston, J. B., Griffing, A., & Drew Gouvier, W.(2001). Prospective remembering in younger and older adults: Role of the prospective cue. *Memory, 9* (3), 177-193.

Clare, L., Wilson, B. A., Carter, G., Hodges, J. R., & Adams, M.(2001). Long-term maintenance of treatment gains following a cognitive rehabilitation intervention in early dementia of Alzheimer type: A single case study. *Neuropsychological Rehabilitation, 11* (3-4), 477-494.

Clare, L., Wilson, B. A., Carter, G., Roth, I., & Hodges, J. R. (2002) . Relearning face-name associations in early Alzheimer's disease. *Neuropsychology, 16* (4), 538-547.

Clare, L., Woods, R., Moniz Cook, E., Orrell, M., & Spector, A. (2003) . Cognitive rehabilitation and cognitive training for early-stage Alzheimer's disease and vascular dementia. *The Cochrane Database of Systematic Reviews, 4*, 1-61.

Clark, C., Prior, M., & Kinsella, G. J. (2000) . Do executive function deficits differentiate between adolescents with ADHD and oppositional defiant/conduct disorder? A neuropsychological study using the Six Elements Test and Hayling Sentence Completion Test. *Journal of Abnormal Child Psychology, 28* (5), 403-414.

Cockburn, J., & Smith, P. T.(1994). Anxiety and errors of prospective memory among elderly people. *British Journal of Psychology, 85* (2), 273-282.

Cohen, G. (1989) . *Memory in the Real World*. Hillsdale: Lawrence Erlbaum Associates.

Cohen, J. D., & O'Reilly, R. C.(1996). A Preliminary Theory of the Interactions Between Prefrontal Cortex and Hippocampus that Contribute to Planning and Prospective Memory. In M. Brandimonte, G. O. Einstein, & M. A. McDaniel (Eds.), *Prospective Memory: Theory and Applications* (pp.267-295) . Mahwah: Lawrence Erlbaum Associates.

Colegrove, F. W.(1899). Individual memories. *The American Journal of Psychology, 10*(2), 228-255.

Collins, A. M., & Loftus, E. F. (1975) . A spreading-activation theory of semantic processing. *Psychological Review, 82* (6), 407-428.

Cona, G., Arcara, G., Tarantino, V., & Bisiacchi, P. S. (2012a) . Electrophysiological correlates of strategic monitoring in event-based and time-based prospective memory. *PLoS One, 7* (2), e31659.

Cona, G., Arcara, G., Tarantino, V., & Bisiacchi, P. S. (2012b). Age-related differences in the neural correlates of remembering time-based intentions. Neuropsychologia, *50* (11), 2692-2704.

Cormier, E.(2008). Attention deficit/hyperactivity disorder: A review and update. *Journal of Pediatric Nursing*, *23* (5), 345-357.

Costa, A, Carlesimo, G. A., Caltagirone, C. (2012). Prospective memory functioning: A new area of investigation in the clinical neuropsychology and rehabilitation of Parkinson's disease and mild cognitive impairment. Review of evidence. *Neurological Sciences*, *33* (5), 965-972.

Costa, A., Perri, R., Zabberoni, S., Barban, F., Caltagirone, C., & Carlesimo, G. A.(2011). Event-based prospective memory failure in amnestic mild cognitive impairment. *Neuropsychologia*, *49* (8), 2209-2216.

Costa, A., Fadda, L., Perri, R., Brisindi, M., Lombardi, M. G., Caltagirone, C., & Carlesimo, G. A. (2015). Sensitivity of a time-based prospective memory procedure in the assessment of amnestic mild cognitive impairment. *Journal of Alzheimer's Disease*, *44* (1), 63-67.

Cowan, N., Elliott, E. M., Saults, J. S., Morey, C. C., Mattox, S., Hismjatullina, A., & Conway, A. R. A. (2005). On the capacity of attention: Its estimation and its role in working memory and cognitive aptitudes. *Cognitive Psychology*, *51* (1), 42-100.

Craik, F. I. M.(1986). A Functional Account of Age Differences in Memory. In F. Klix, & H. Hagendorf (Eds.), *Human Memory and Cognitive Capabilities: Mechanisms and Performances*(pp.409-422). Amsterdam: Elsevier-North-Holland.

Craik, F. I. M., & Kerr, S. A. (1996). Prospective Memory, Aging, and Lapses of Intention. In M. Brandimonte, G. O. Einstein, & M. A. McDaniel (Eds.), *Prospective Memory: Theory and Applications* (pp.227-237). Mahwah: Erlbaum.

Crawford, J., Henry, J. D., Ward, A. L., & Blake, J. (2006). The Prospective and Retrospective Memory Questionnaire (PRMQ): Latent structure, normative data and discrepancy analysis for proxy-ratings. *British Journal of Clinical Psychology*, *45* (1), 83-104.

Crawford, J., Smith, G., Maylor, E., Sala, S. D., & Logie, R.(2003). The Prospective and Retrospective Memory Questionnaire (PRMQ): Normative data and latent structure in a large non-clinical sample. *Memory*, *11* (3), 261-275.

Crone, E. A., Richard Jennings, J., & Van Der Molen, M. W. (2003). Sensitivity to interference and response contingencies in attention-deficit/hyperactivity disorder. *Journal of Child Psychology and Psychiatry*, *44* (2), 214-226.

Crovitz, H. F., & Daniel, W. F. (1984). Measurements of everyday memory: Toward the prevention of forgetting. *Bulletin of the Psychonomic Society*, *22* (5), 413-414.

Crowder, R. G. (1996). The Trouble with Prospective Memory: A Provocation. In M. Brandimonte, G. O. Einstein, & M. A. McDaniel (Eds.), *Prospective Memory: Theory and Applications* (pp.143-147). Mahwah: Erlbaum.

Cummings, J. L., Schneider, E., Tariot, P. N., & Graham, S. M.(2006). Behavioral effects of memantine in Alzheimer disease patients receiving donepezil treatment. *Neurology*, *67* (1), 57-63.

Cuttler, C., & Graf, P. (2007). Personality predicts prospective memory task performance: An adult lifespan study. *Scandinavian Journal of Psychology*, *48* (3), 215-231.

Czernochowski, D., Horn, S., & Bayen, U. J. (2012). Does frequency matter? ERP and behavioral correlates of monitoring for rare and frequent prospective memory targets. *Neuropsychologia*, *50* (1), 67-76.

d'Ydewalle, G., Bouckaert, D., & Brunfaut, E. (2001). Age-related differences and complexity of ongoing activities in time-and event-based prospective memory. *The American Journal of Psychology*, *114* (3), 411-423.

d'Ydewalle, G., Luwel, K., & Brunfaut, E.(1999). The importance of on-going concurrent activities as a function of age in time-and event-based prospective memory. *European Journal of Cognitive Psychology*, *11* (2), 219-237.

Dewitte, S., Verguts, T., & Lens, W. (2003). Implementation intentions do not enhance all types of goals: The moderating role of goal difficulty. *Current Psychology*, *22* (1), 73-89.

Dobbs, A. R., & Reeves, M. B.(1996). Prospective memory: More than memory. In M. Brandimonte, G. O. Einstein, & M. A. McDaniel (Eds.), *Prospective Memory: Theory and Applications* (pp.199-225). Mahwah: Erlbaum.

Dongés, B., Haupt, L. M., Lea, R. A., Chan, R. C., Shum, D. H., & Griffiths, L. R. (2012). Role of the apolipoprotein E and catechol-O-methyltransferase genes in prospective and retrospective memory traits. *Gene*, *506* (1), 135-140.

Doody, R. S., Ferris, S. H., Salloway, S., Sun, Y., Goldman, R., Watkins, W. E., ... & Murthy, A. K. (2009). Donepezil treatment of patients with MCI: A 48-week randomized, placebo-controlled trial. *Neurology*, *72* (18), 1555-1561.

Douglas, V. I.(1999). Cognitive Control Processes in Attention Deficit/hyperactivity Disorder. In C. Q. Herbert, & A. E. Hogan (Eds.), *Handbook of Disruptive Behavior Disorders* (pp.105-138). New York: Springer.

Douglas, V. I., & Parry, P. A. (1983). Effects of reward on delayed reaction time task performance of hyperactive children. *Journal of Abnormal Child Psychology*, *11* (2), 313-326.

Dowsett, S. M., & Livesey, D. J.(2000). The development of inhibitory control in preschool children: Effects of "executive skills" training. *Developmental Psychobiology*, *36* (2), 161-174.

Driscoll, I., McDaniel, M. A., & Guynn, M. J. (2005). Apolipoprotein E and prospective memory in normally aging adults. *Neuropsychology*, *19* (1), 28-34.

Dubois, B., Feldman, H. H, Jacova, C., Cummings, J. L., Dekosky, S. T., & Barberger-Gateau, P., et al. (2010). Revising the definition of Alzheimer's disease: A new lexicon. *The Lancet Neurology*, *9* (11), 1044-1045.

Duchek, J. M., Balota, D. A., & Cortese, M. (2006). Prospective memory and apolipoprotein E in healthy aging and early stage Alzheimer's disease. *Neuropsychology*, *20* (6), 633-644.

Ebbinghaus, H. (1964). *Memory: A Contribution to Experimental Psychology.* New York: Dover.

Ebbinghaus, H.(1885). *Über das gedächtnis : untersuchungen zur experimentellen psychologie.* Berlin:

Duncker & Humblot.

Einstein, G. O., & McDaniel, M. A. (1990). Normal aging and prospective memory. *Journal of Experimental Psychology: Learning, Memory, and Cognition, 16* (4), 717-726.

Einstein, G. O. & McDaniel, M. A. (1996). Retrieval Processes in Prospective Memory: Theoretical Approaches and Some New Empirical Findings. In M. Brandimonte, G. O. Einstein, & M. A. McDaniel (Eds.), *Prospective Memory: Theory and Applications* (pp.115-141). Mahwah: Erlbaum.

Einstein, G. O., & McDaniel, M. A.(2005). Prospective memory: Multiple retrieval processes. *Current Directions in Psychological Science, 14* (6), 286-290.

Einstein, G. O., Holland, L. J., McDaniel, M. A., & Guynn, M. J. (1992). Age-related deficits in prospective memory: The influence of task complexity. *Psychology and Aging, 7* (3), 471-478.

Einstein, G. O., McDaniel, M. A., Smith, R. E., & Shaw, P. (1998). Habitual prospective memory and aging: Remembering intentions and forgetting actions. *Psychological Science, 9*(4), 284-288.

Einstein, G. O., Smith, R. E., McDaniel, M. A., & Shaw, P.(1997). Aging and prospective memory: The influence of increased task demands at encoding and retrieval. *Psychology and Aging, 12*(3), 479-488.

Einstein, G. O., McDaniel, M. A., Manzi, M., Cochran, B., & Baker, M. (2000). Prospective memory and aging: Forgetting intentions over short delays. *Psychology and Aging, 15* (4), 671-683.

Einstein, G. O., McDaniel, M. A., Richardson, S. L., Guynn, M. J., & Cunfer, A. R. (1995). Aging and prospective memory: Examining the influences of self-initiated retrieval processes. *Journal of Experimental Psychology: Learning, Memory, and Cognition, 21* (4), 996-1007.

Einstein, G. O., McDaniel, M. A., Thomas, R., Mayfield, S., Shank, H., Morrisette, N., & Breneiser, J. (2005). Multiple processes in prospective memory retrieval: Factors determining monitoring versus spontaneous retrieval. *Journal of Experimental Psychology: General, 134* (3), 327-342.

Ellis, H. C. (1991). Focused attention and depressive deficits in memory. *Journal of Experimental Psychology: General, 120* (3), 310-312.

Ellis, J. (1988). Memory for Future Intentions: Investigating Pulses and Steps. In M. M. Gruneberg, P. E. Morris, & R. N. Sykes (Eds.), *Practical Aspects of Memory: Current Research and Issues* (Vol. 1, pp.371-376). London: Academic Press.

Ellis, J. (1996a). Prospective Memory or the Realization of Delayed Intentions: A Conceptual Framework for Research. In M. Brandimonte, G. O. Einstein, & M. A. McDaniel (Eds.), *Prospective Memory: Theory and Applications* (pp.1-22). Mahwah: Erlbaum.

Ellis, J. (1996b). Retrieval cue specificity and the realization of delayed intentions. *The Quarterly Journal of Experimental Psychology, 49* (4), 862-887.

Ellis, J. A., & Freeman, J. E. (2008). Ten Years on: Realizing Delayed Intentions. In M. Kliegel, M. A. McDaniel, & G. O. Einstein (Eds.), *Prospective Memory: Cognitive, Neuroscience, Developmental, and Applied Perspectives* (pp.1-27). New York: Taylor & Francis Group/

Lawrence Erlbaum Associates.

Ellis, J., & Kvavilashvili, L.(2000). Prospective memory in 2000: Past, present, and future directions. *Applied Cognitive Psychology*, *14*（7）, 1-9.

Engelkamp, J., & Zimmer, H. D.(1997). Sensory factors in memory for subject-performed tasks. *Acta Psychologica*, *96*（1）, 43-60.

Eysenck, M. W., & Calvo, M. G.(1992). Anxiety and performance: The processing efficiency theory. *Cognition & Emotion*, *6*（6）, 409-434.

Faraone, S. V., Doyle, A. E., Mick, E., & Biederman, J. (2001). Meta-analysis of the association between the 7-repeat allele of the dopamine D4 receptor gene and attention deficit hyperactivity disorder. *American Journal of Psychiatry*, *158*（7）, 1052-1057.

Fish, J., Wilson, B. A., & Manly, T.(2010). The assessment and rehabilitation of prospective memory problems in people with neurological disorders: A review. *Neuropsychological Rehabilitation*, *20*（2）, 161-179.

Fitzsimons, G. M., & Bargh, J. A. (2003). Thinking of you: Nonconscious pursuit of interpersonal goals associated with relationship partners. *Journal of Personality and Social Psychology*, *84*（1）, 148-164.

Ford, R. M., Driscoll, T., Shum, D., & Macaulay, C. E. (2012). Executive and theory-of-mind contributions to event-based prospective memory in children: Exploring the self-projection hypothesis. *Journal of Experimental Child Psychology*, *111*（3）, 468-489.

Forgas, J. P., & East, R. (2008). On being happy and gullible: Mood effects on skepticism and the detection of deception. *Journal of Experimental Social Psychology*, *44*（5）, 1362-1367.

Fox, N. C., Cousens, S., Scahill, R., Harvey, R. J., & Rossor, M. N.(2000). Using serial registered brain magnetic resonance imaging to measure disease progression in Alzheimer disease: Power calculations and estimates of sample size to detect treatment effects. *Archives of Neurology*, *57*（3）, 339-344.

Fox, N., Warrington, E., Freeborough, P., Hartikainen, P., Kennedy, A., & Stevens, J., et al. (1996). Presymptomatic hippocampal atrophy in Alzheimer's disease: A longitudinal MRI study. *Brain*, *119*（6）, 2001-2007.

Freeman, J. E., & Ellis, J. A. (2003). The representation of delayed intentions: A prospective subject-performed task? *Journal of Experimental Psychology: Learning, Memory, and Cognition*, *29*（5）, 976.

Freud, S. (1901). *The Psychopathology of Everyday Life*. London: Penguin.

Fuster, J. M.(1989). *The Prefrontal Cortex: Anatomy, Physiology and Neuropsychology of the Frontal Lobe* (2nd ed). New York: Raven Press.

Fuster, J. M. (1991). The prefrontal cortex and its relation to behavior. *Progress in Brain Research*, *87*, 201-211.

Gathercole, S. E. (1994). Neuropsychology and working memory: A review. *Neuropsychology*, *8*（4）, 494-505.

Giedd, J. N., Blumenthal, J., Jeffries, N. O., Castellanos, F. X., Liu, H., & Zijdenbos, A., et al. (1999). Brain development during childhood and adolescence: A longitudinal MRI study. *Nature Nneuroscience, 2* (10), 861-863.

Gilbert, S. J., Hadjipavlou, N., & Raoelison, M. (2013). Automaticity and control in prospective memory: A computational model. *Plos One, 8* (3), 1-14.

Gilbert, S. J., Gollwitzer, P. M., Cohen, A. L., Oettingen, G., & Burgess, P. W. (2009). Separable brain systems supporting cued versus self-initiated realization of delayed intentions. *Journal of Experimental Psychology: Learning, Memory, & Cognition, 35* (4), 905-915.

Gilewski, M., & Zelinski, E. (1988). Memory Functioning Questionnaire(MFQ). *Psychopharmacology Bulletin, 24* (4), 665-670.

Glanzer, M., & Cunitz, A. R. (1966). Two storage mechanisms in free recall. *Journal of Verbal Learning and Verbal Behavior, 5* (4), 351-360.

Glisky, E. L. (1996). Prospective Memory and the Frontal Lobes. In M. Brandimonte, G. O. Einstein, & M. A. McDaniel (Eds.), *Prospective Memory: Theory and Applications* (pp.249-266). Mahwah: Erlbaum.

Golby, A., Silverberg, G., Race, E., Gabrieli, S., O'Shea, J., Knierim, K., Stebbins, G., & Gabrieli, J. D. (2005). Memory encoding in Alzheimer's disease: An fMRI study of explicit and implicit memory. *Brain, 128* (4), 773-787.

Goldman-Rakic, P. (1987). Circuitry of the primate prefrontal cortex and regulation of behavior by representational memory. In F. Plum & V. Mountcastle (Eds.), *Handbook of Physiology, the Nervous System, and Higher Functions of the Brain* (Sect. 1, Vol. 5, pp. 373-417). Bethesda, MD: American Psychological Society.

Goldstein, A. (2005). *Time-based Prospective Memory: Effects of Cognitive Load, Time Estimation and Time-Management.* Paper presented at the Second International Conference on Prospective Memory, Zurich, Switzerland.

Gooding, P. A., Isaac, C. L., & Mayes, A. R. (2005). Prose recall and amnesia: More implications for the episodic buffer. *Neuropsychologia, 43* (4), 583-587.

Goschke, T., & Kuhl, J. (1993). Representation of intentions: Persisting activation in memory. *Journal of Experimental Psychology: Learning, Memory, and Cognition, 19* (5), 1211-1226.

Goschke, T., & Kuhl, J. (1996). Remembering What to Do: Explicit and Implicit Memory for Intentions. In M. Brandimonte, G. O. Einstein, M. A. McDaniel (Eds.), *Prospective Memory: Theory and Applications* (pp.53-91). Mahwah: Erlbaum.

Graf, P. (2005). Prospective Memory Retrieval Revisited. In N. Ohta, C. M. MacLeod, & B. Uttl (Eds.), *Dynamic Cognitive Processes.* Tokyo: Springer.

Graf, P., & Uttl, B. (2001). Prospective memory: A new focus for research. *Consciousness and Cognition, 10* (4), 437-450.

Grandmaison, E., & Simard, M. (2003). A critical review of memory stimulation programs in Alzheimer's disease. *The Journal of Neuropsychiatry and Clinical Neurosciences, 15*(2), 130-144.

Greydanus, D. E., Pratt, H. D., & Patel, D. R. (2007). Attention deficit hyperactivity disorder across the lifespan: The child, adolescent, and adult. *Disease-a-Month*, *53* (2), 70-131.

Grober, E., Hall, C. B., Lipton, R. B., Zonderman, A. B., Resnick, S. M., & Kawas, C. (2008). Memory impairment, executive dysfunction, and intellectual decline in preclinical Alzheimer's disease. *Journal of the International Neuropsychological Society*, *14* (2), 266-278.

Grünewald, G., Grünewald-Zuberbier, E., & Netz, J. (1978). Late components of average evoked potentials in children with different abilities to concentrate. *Electroencephalography & Clinical Neurophysiology*, *44* (5), 617-625.

Guarjardo, N. R., & Best, D. L. (2000). Do preschoolers remember what to do? Incentive and external cues in prospective memory. *Cognitive Development*, *15* (1), 75-97.

Guisande, M. A., Tinajero, C., Cadaveira, F., & Páramo, M. F. (2012). Attention and visuospatial abilities: A neuropsychological approach in field-dependent and field-independent schoolchildren. *Studia Psychologica*, *54* (2), 83.

Guynn, M. J. (2003). A two-process model of strategic monitoring in event-based prospective memory: Activation/retrieval mode and checking. *International Journal of Psychology*, *38* (4), 245-256.

Guynn, M. J., & McDaniel, M. A. (2007). Target preexposure eliminates the effect of distraction on event-based prospective memory. *Psychonomic Bulletin & Review*, *14*, 484-488.

Guynn, M. J., McDaniel, M. A., & Einstein, G. O. (1998). Prospective memory: When reminders fail. *Memory & Cognition*, *26* (2), 287-298.

Guynn, M., McDaniel, M., & Einstein, G. (2001). Remembering to Perform Actions: A Different Type of Memory. In H. D. Zimmer, R. L. Cohen, M. J. Guynn, et al. (Eds.), *Memory for Action: A Distinct Form of Episodic Memory* (pp.25-48). Oxford: Oxford University Press.

Hannon, R., Adams, P., Harrington, S., Fries-Dias, C., & Gipson, M. T. (1995). Effects of brain injury and age on prospective memory self-rating and performance. *Rehabilitation Psychology*, *40* (4), 289-297.

Harris, J. E. (1984). Remembering to Do Things: A Forgotten Topic. In J. E. Harris, & P. E. Morris (Eds.), *Everyday Memory, Actions and Absent-Mindedness* (pp.71-92). London: Academic Press.

Harris, J. E., & Wilkins, A. (1982). Remembering to do things: A theoretical framework and an illustrative experiment. *Human Learning*, *1*, 123-136.

Harris, L. M., & Cumming, S. R. (2003). An examination of the relationship between anxiety and performance on prospective and retrospective memory tasks. *Australian Journal of Psychology*, *55* (1), 51-55.

Harris, L. M., & Menzies, R. G. (1999). Mood and prospective memory. *Memory*, *7* (1), 117-127.

Harris, L. M., Robinson, J., & Menzies, R. G. (1999). Evidence for fear of restriction and fear of suffocation as components of claustrophobia. *Behaviour Research and Therapy*, *37* (2), 155-159.

Heffernan, T. M., & Ling, J. (2001). The impact of Eysenck's extraversion-introversion personality dimension on prospective memory. *Scandinavian Journal of Psychology*, *42* (4), 321-325.

Heffernan, T. M., Ling, J., Parrott, A. C., Buchanan, T., Scholey, A. B., & Rodgers, J. (2005). Self-rated everyday and prospective memory abilities of cigarette smokers and non-smokers: A web-based study. *Drug and Alcohol Dependence*, *78* (3), 235-241.

Heffernan, T. M., Moss, M., & Ling, J. (2002). Subjective ratings of prospective memory deficits in chronic heavy alcohol users. *Alcohol and Alcoholism*, *37* (3), 269-271.

Henry, J. D., MacLeod, M. S., Phillips, L. H., & Crawford, J. R. (2004). A meta-analytic review of prospective memory and aging. *Psychology and Aging*, *19* (1), 27-39.

Herrmann, D. J., & Neisser, U. (1978). An inventory of everyday memory experiences. *Practical Aspects of Memory*, *2*, 35-51.

Hess, T. M., Emery, L., & Queen, T. L. (2009). Task demands moderate stereotype threat effects on memory performance. *Journals of Gerontology Series B: Psychological Sciences and Social Sciences*, *64* (4), 482-486.

Hitch, G. J., & Towse, J. N. (1995). Working Memory, What Develops? In F. E. Weinert, & W. Schneider (Eds.), *Memory Performance and Competencies: Issues in Growth and Development* (pp. 3-21). Mahwah: Erlbaum.

Hodges, J. R., Bozeat, S., Ralph, M. A. L., Patterson, K., & Spatt, J. (2000). The role of conceptual knowledge in object use evidence from semantic dementia. *Brain*, *123* (9), 1913-1925.

Hoesen, G. W., Augustinack, J. C., & Redman, S. J. (1999). Ventromedial temporal lobe pathology in dementia, brain trauma, and schizophrenia. *Annals of the New York Academy of Sciences*, *877* (1), 575-594.

Horberg, E. J., & Chen, S. (2010). Significant others and contingencies of self-worth: Activation and consequences of relationship-specific contingencies of self-worth. *Journal of Personality & Social Psychology*, *98* (1), 77-91.

Huizinga, M., Dolan, C. V., & van der Molen, M. W. (2006). Age-related change in executive function: Developmental trends and a latent variable analysis. *Neuropsychologia*, *44* (11), 2017-2036.

Huppert, F. A., & Beardsall, L. (1993). Prospective memory impairment as an early indicator of dementia. *Journal of Clinical and Experimental Neuropsychology*, *15*, 805-821.

Huppert, F. A., Johnson, T., & Nickson, J. (2000). High prevalence of prospective memory impairment in the elderly and in early-stage dementia: Findings from a population-based study. *Applied Cognitive Psychology*, *14* (7), 63-81.

Huttenlocher, P., & Dabholkar, A. (1997). Developmental Anatomy of Prefrontal Cortex. In N. A. Krasnegor, G. Lyon, & P. S. Goldman-Rakic (Eds.), *Development of the Prefrontal Cortex: Evolution, Neurobiology, and Behavior* (pp.69-83). Baltimore: Paul H Brookes Publishing.

Ivanoiu, A., Adam, S., Van der Linden, M., Salmon, E., Juillerat, A. C., Mulligan, R., & Seron, X. (2005). Memory evaluation with a new cued recall test in patients with mild cognitive impairment and Alzheimer's disease. *Journal of Neurology*, *252* (1), 47-55.

Jack, C. R., Knopman, D. S., Jagust, W. J., Shaw, L. M., Aisen, P. S., & Weiner, M. W., et al. (2010). Hypothetical model of dynamic biomarkers of the Alzheimer's pathological cascade.

The Lancet Neurology, *9*（1）, 119-128.

Jacoby, L. L.（1991）. A process dissociation framework: Separating automatic from intentional uses of memory. *Journal of Memory and Language*, *30*（5）, 513-541.

Jacoby, L. L., & Dallas, M.（1981）. On the relationship between autobiographical memory and perceptual learning. *Journal of Experimental Psychology: General*, *110*（3）, 306-340.

Jacoby, L. L., Toth, J. P., & Yonelinas, A. P.（1993）. Separating conscious and unconscious influences of memory: Measuring recollection. *Journal of Experimental Psychology: General*, *122*（2）, 139-154.

Jia, J., Wang, F., Wei, C., Zhou, A., Jia, X., & Li, F., et al.（2014）. The prevalence of dementia in urban and rural areas of China. *Alzheimers & Dement*, *10*（1）, 1-9.

Jia, J., Wei, C., Chen, S., Li, F., Tang, Y., & Qin, W., et al.（2018）. The cost of Alzheimer's disease in China and re-estimation of costs worldwide. *Alzheimers & Dement*, *14*（4）, 483-491.

Jones, S., Livner, Å., & Bäckman, L.（2006）. Patterns of prospective and retrospective memory impairment in preclinical Alzheimer's disease. *Neuropsychology*, *20*（2）, 144-152.

Jonkman, L., Kemner, C., Verbaten, M. N., Van Engeland, H., Kenemans, J., & Camfferman, G., et al.（1999）. Perceptual and response interference in children with attention-deficit hyperactivity disorder, and the effects of methylphenidate. *Psychophysiology*, *36*（4）, 419-429.

Joordens, S., & Merikle, P. M.（1993）. Independence or redundancy? Two models of conscious and unconscious influences. *Journal of Experimental Psychology: General*, *122*（4）, 462-467.

Kail, R.（1991）. Developmental change in speed of processing during childhood and adolescence. *Psychological Bulletin*, *109*（3）, 490-501.

Karantzoulis, S., Troyer, A. K., & Rich, J. B.（2009）. Prospective memory in amnestic mild cognitive impairment. *Journal of the International Neuropsychological Society*, *15*（3）, 407-415.

Kerns, K. A.（2000）. The Cyber Cruiser: An investigation of development of prospective memory in children. *Journal of the International Neuropsychological Society*, *6*（1）, 62-70.

Kerns, K. A., & Price, K. J.（2001）. An investigation of prospective memory in children with ADHD. *Child Neuropsychology*, *7*（3）, 162-171.

Kidder, D. P., Park, D. C., Hertzog, C., & Morrell, R. W.（1997）. Prospective memory and aging: The effects of working memory and prospective memory task load. *Aging, Neuropsychology, and Cognition*, *4*（2）, 93-112.

Kim, K. W., Youn, J. C., Jhoo, J. H., Lee, D. Y., Lee, K. U., Lee, J. H.（2002）. Apolipoprotein E epsilon 4 allele is not associated with the cognitive impairment in community-dwelling normal elderly individuals. *International Journal of Geriatric Psychiatry*, *17*（7）, 635-640.

Kinsella, G. J., Ong, B., Storey, E., Wallace, J., & Hester, R.（2007）. Elaborated spaced-retrieval and prospective memory in mild Alzheimer's disease. *Neuropsychological Rehabilitation*, *17*（6）, 688-706.

Kliegel, M., Brandenberger, M., & Aberle, I.（2010）. Effect of motivational incentives on prospective memory performance in preschoolers. *European Journal of Developmental Psychology*, *7*,

223-232.

Kliegel, M., & Jäger, T. （2006a）. Can the Prospective and Retrospective Memory Questionnaire （PRMQ）predict actual prospective memory performance? *Current Psychology*, *25*（3）, 182-191.

Kliegel, M., & Jäger, T.（2006b）. The influence of negative emotions on prospective memory: A review and new data. *International Journal of Computational Cognition*, *4*（1）, 1-17.

Kliegel, M., & Jäger, T.（2007）. The effects of age and cue-action reminders on event-based prospective memory performance in preschoolers. *Cognitive Development*, *22*（1）, 33-46.

Kliegel, M., & Martin, M.（2002）. *Heidelberger Exekutivfunktionsdiagnostikum*（HEXE 3.01）. Tannustein: Scholaware.

Kliegel, M., & Martin, M.（2003）. Prospective memory research: Why is it relevant? *International Journal of Psychology*, *38*（4）, 193-194.

Kliegel, M., & Martin, M.（2004）. *Heidelberger Exekutivfunktionsdiagnostikum: English Version* （HEXE 4.01）. Tannustein: Scholaware.

Kliegel, M., McDaniel, M. A., & Einstein, G. O.（2000）. Plan formation, retention, and execution in prospective memory: A new approach and age-related effects. *Memory & Cognition*, *28*（6）, 1041-1049.

Kliegel, M., McDaniel, M. A., & Einstein, G. O.（2008）. *Prospective Memory: Cognitive, Neuroscience, Developmental, and Applied Perspectives*. Hove, East Sussex: Psychology Press.

Kliegel, M., Ropeter, A., & Mackinlay, R.（2006）. Complex prospective memory in children with ADHD. *Child Neuropsychology*, *12*（6）, 407-419.

Kliegel, M., Martin, M., McDaniel, M. A., & Einstein, G. O.（2001）. Varying the importance of a prospective memory task: Differential effects across time-and event-based prospective memory. *Memory*, *9*（1）, 1-11.

Kliegel, M., Martin, M., McDaniel, M. A., & Einstein, G. O.（2002）. Complex prospective memory and executive control of working memory: A process model. *Psychologische Beiträge*, *44*（2）, 303-318.

Kliegel, M., Martin, M., McDaniel, M. A., & Einstein, G. O.（2004）. Importance effects on performance in event-based prospective memory tasks. *Memory*, *12*（5）, 553-561.

Kliegel, M., Mahy, C. E. V., Voigt, B., Henry, J. D., Rendell, P. G., & Aberle, I.（2013）. The development of prospective memory in young schoolchildren: The impact of ongoing task absorption, cue salience, and cue centrality. *The Journal of Experimental Child Psychology*, *116*（4）, 792-810.

Kliegel, M., Jäger, T., Phillips, L., Federspiel, E., Imfeld, A., Keller, M., & Zimprich, D. （2005）. Effects of sad mood on time-based prospective memory. *Cognition & Emotion*, *19*（8）, 1199-1213.

Knight, J. B., Ethridge, L. E., Marsh, R. L., & Clementz, B. A.（2010）. Neural correlates of attentional and mnemonic processing in event-based prospective memory. *Frontiers in Human Neuroscience*, *4*, 5.

Knopman, D. S., DeKosky, S. T., Cummings, J. L., Chui, H., Corey-Bloom, J., & Relkin, N., et al. (2001). Practice parameter: Diagnosis of dementia (an evidence-based review). Report of the Quality Standards Subcommittee of the American Academy of Neurology. *Neurology*, *56* (9), 1143-1153.

Kofler, M. J., Rapport, M. D., Bolden, J., Sarver, D. E., & Raiker, J. S. (2010). ADHD and working memory: The impact of central executive deficits and exceeding storage/rehearsal capacity on observed inattentive behavior. *Journal of Abnormal Child Psychology*, *38* (2), 149-161.

Kolb, B., & Fantie, B. (1989). Development of the Child's Brain and Behavior. In C. R. Reynolds, & E. Fletcher-Janzen(Eds.), *Handbook of Clinical Child Neuropsychology*(pp.17-39). New York: Plenum Press.

Kopp, U. A., & Thöne-Otto, A. I. (2003). Disentangling executive functions and memory processes in event-based prospective remembering after brain damage : A neuropsychological study. *International Journal of Psychology*, *38* (4), 229-235.

Kormi-Nouri.(1995). The nature of memory for action events: An episodic integration view. *Eouropean Journal of Cognitive Psychology*, *7* (4), 337-363.

Kozhevnikov, M.(2007). Cognitive styles in the context of modern psychology: Toward an integrated framework of cognitive style. *Psychological Bulletin*, *133* (3), 464-481.

Kretschmer, A., Voigt, B., Friedrich, S., Pfeiffer, K., & Kliegel, M.(2014). Time-based prospective memory in young children-exploring executive functions as a developmental mechanism. *Child Neuropsychology A Journal on Normal & Abnormal Development in Childhood & Adolescence*, *20* (6), 662-676.

Kretschmer-Trendowicz, A., & Altgassen, M. (2016). Event-based prospective memory across the lifespan : Do all age groups benefit from salient prospective memory cues? *Cognitive Development*, *39*, 103-112.

Kreutzer, M. A., Leonard, C., Flavell, J. H., & Hagen, J. W. (1975). An interview study of children's knowledge about memory. *Monographs of the Society for Research in Child Development*, *40*(1), 1-60.

Kurtzcostes, B., Schneider, W., & Rupp, S.(1995). Is There Evidence for Intra Individual Consistency in Performance Across Memory Tasks? New evidence on an old question. In F. E. Weinert, & W. Schneider (Eds.), *Memory Performance and Competencies: Issues in Growth and Development* (pp.245-262). Hove, East Sussex: Psychology Press.

Kush, J. C. (1996). Fild-dependence, cognitive ability, and academic achievement in Anglo American and Mexican American students. *Journal of Cross-Cultural Psychology*, *27* (5), 561-575.

Kvavilashvili, L. (1987). Remembering intention as a distinct form of memory. *British Journal of Psychology*, *78* (4), 507-518.

Kvavilashvili, L. (1992). Remembering intentions: A critical review of existing experimental paradigms. *Applied Cognitive Psychology*, *6* (6), 507-524.

Kvavilashvili, L., Cockburn, J., & Kornbrot, D. E. (2013). Prospective memory and ageing paradox with event-based tasks: A study of young, young-old, and old-old participants. *Quarterly Journal of Experimental Psychology*, *66* (5), 864-875.

Kvavilashvili, L., & Ford, R. M. （2014）. Metamemory prediction accuracy for simple prospective and retrospective memory tasks in 5-year-old children. *Journal of Experimental Child Psychology*, *127* (4), 65-81.

Kvavilashvili, L., Kyle, F., & Messer, D. J. （2008）. The Development of Prospective Memory in Children: Methodological Issues, Empirical Findings and Future Directions. In M. Kliegel, M. A. McDaniel, & G. O. Einstein （Eds.）, *Prospective Memory: Cognitive, Neuroscience, Developmental, and Applied Perspectives* （pp. 115-140）. New York: Taylor & Francis Group/Lawrence Erlbaum Associates.

Kvavilashvili, L., & Ellis, J. （1996a）. Let's forget the everyday/laboratory controversy. *Behavioral and Brain Sciences*, *19* (2), 199-200.

Kvavilashvili, L., & Ellis, J. （1996b）. Varieties of Intention: Some Distinctions and Classifications. In M. Brandimonte, G. O. Einstein, & M. A. McDaniel（ Eds.), *Prospective Memory: Theory and Applications* (pp.183-207). Mahwah: Erlbaum.

Kvavilashvili, L., Messer, D. J., & Ebdon, P. (2001). Prospective memory in children: The effects of age and task interruption. *Developmental Psychology*, *37* (3), 418-430.

Kvavilashvili, L., Messer, D., & Kyle, F.(2002). *Event-based Prospective Memory in 3-to 9-year-old Children: The Effects of Age, Explanation and Type of Action.* Paper presented at the Experimental Psychology Society Conference, University of Leuven, Belgium.

Lambe, E. K., Krimer, L. S., & Goldman-Rakic, P. S. (2000). Differential postnatal development of catecholamine and serotonin inputs to identified neurons in prefrontal cortex of rhesus monkey. *The Journal of Neuroscience*, *20* (23), 8780-8787.

Lamming, M., Brown, P., Carter, K., Eldridge, M., Flynn, M., Louie, G., Robinson, P., & Sellen, A. J. （1994）. The design of a human memory prosthesis. *The Computer Journal*, *37* (3): 153-163.

Landauer, T. K., & Bjork, R. A. (1978). Optimum Rehearsal Patterns and Name Learning. In M. M. Gruneberg, P. E. Morris, & R. N. Sykes （Eds.), *Practical Aspects of Memory* (pp.625-632). London: Academic Press.

Lee, J. H., & McDaniel, M.A. (2013). Discrepancy-plus-search processes in prospective memory retrieval. *Memory & Cognition*, *41*, 443-451.

Leeuwen, T. H., Steinhausen, H. C., Overtoom, C. C. E., Pascual-Marqui, R. D., Van't Klooster, B., Rothenberger, A., et al.(1998). The continuous performance test revisited with neuroelectric mapping: Impaired orienting in children with attention deficits. *Behavioural Brain Research*, *94* (1), 97-110.

Lehto, J. E., Juujärvi, P., Kooistra, L., & Pulkkinen, L.(2003). Dimensions of executive functioning: Evidence from children. *British Journal of Developmental Psychology*, *21* (1), 59-80.

Levén, A., Lyxell, B., Andersson, J., & Danielsson, H. (2014). Pictures as cues or as support to verbal cues at encoding and execution of prospective memories in individuals with intellectual disability. *Scandinavian Journal of Disability Research*, *16*（2）, 141-158.

Levine, B., Katz, D. I., Dade, L., & Black, S. E.（2002）. Novel Approaches to the Assessment of frontal Damage and Executive Deficits. In D. T. Stuss, & R. T. Knight（Eds.）, *Principles of Frontal Lobe Function*（pp. 51-84）. New York: Oxford University Press.

Levinoff, E. J., Saumier, D., & Chertkow, H.（2005）. Focused attention deficits in patients with Alzheimer's disease and mild cognitive impairment. *Brain and Cognition*, *57*（2）, 127-130.

Lewin, K.（1926）. Vorsatz, wille und bedürfnis. *Psychologische Forschung*, *7*（1）, 330-385.

Lewin, K.（1951）. Intention, Will and Need. In D. Rapaport, *Organization and Pathology of Thought*: *Selected Sources*（pp. 95-153）. New York: Columbia University Press.

Li, G., & Wang, L.（2015）. The effects of encoding modality and object presence on event-based prospective memory in seven- to nine-year-old children. *Journal of Cognitive Psychology*, *27*（6）, 725-738.

Livner, A., Laukka, E. J., Karlsson, S., & Bäckman, L.（2009）. Prospective and retrospective memory in Alzheime's disease and vascular dementia: Similar patterns of impairment. *Journal of the Neurological Sciences*, *283*（1-2）, 235-239.

Loft, S.（2014）. Applying psychological science to examine prospective memory in simulated air traffic control. *Current Directions in Psychological Science*, *23*（5）, 326-331.

Loftus, E. F.（1971）. Memory for intentions: The effect of presence of a cue and interpolated activity. *Psychonomic Science*, *23*（4）, 315-316.

Lovibond, P. F., & Lovibond, S. H.（1995）. The structure of negative emotional states: Comparison of the Depression Anxiety Stress Scales（DASS）with the Beck Depression and Anxiety Inventories. *Behaviour Research and Therapy*, *33*（3）, 335-343.

Luciana, M., Conklin, H. M., Hooper, C. J., & Yarger, R. S.（2005）. The development of nonverbal working memory and executive control processes in adolescents. *Child Development*, *76*（3）, 697-712.

Mackinlay, R. J., Kliegel, M., & Mäntylä, T.（2009）. Predictors of time-based prospective memory in children. *Journal of Experimental Child Psychology*, *102*（3）, 251-264.

Mahley, R. W., & Rall, S. C.（2000）. Apolipoprotein E: Far more than a lipid transport protein. *Annual Review Genomics and Human Genetics*, *1*（1）, 507-537.

Mahy, C. E., & Moses, L. J.（2011）. Executive functioning and prospective memory in young children. *Cognitive Development*, *26*（3）, 269-281.

Mahy, C. E., & Moses, L. J.（2015）. The effect of retention interval task difficulty on young children's prospective memory: Testing the intention monitoring hypothesis. *Journal of Cognition and Development*, *16*（5）, 742-758.

Mahy, C. E., Moses, L. J., & Kliegel, M.（2014）. The impact of age, ongoing task difficulty, and cue salience on preschoolers' prospective memory performance: The role of executive function. *Journal of Experimental Child Psychology*, *127*, 52-64.

Mahy, C. E., Moses, L. J., & Kliegel, M. （2014b）. The development of prospective memory in children: An executive framework. *Developmental Review*, *34* （4）, 305-326.

Mäntylä, T. （2003）. Assessing absentmindedness: Prospective memory complaint and impairment in middle-aged adults. *Memory & Cognition*, *31* （1）, 15-25.

Mäntylä, T., & Carelli, G. （2006）. Time Monitoring and Executive Functioning: Individual and Developmental Differences. In J. Glicksohn, & M. S. Myslobodsky（Eds.）, *Timing the Future: The Case for a Time-Based Prospective Memory* （pp.191-211）. Singapore: World Scientific.

Mäntylä, T., & Nilsson, L. G. （1997）. Remembering to remember in adulthood: A population-based study on aging and prospective memory. *Aging, Neuropsychology, and Cognition*, *4*（2）, 81-92.

Mäntylä, T., Carelli, M. G., & Forman, H. （2007）. Time monitoring and executive functioning in children and adults. *Journal of Experimental Child Psychology*, *96*（1）, 1-19.

Mäntylä, T., Missier, F. D., & Nilsson, L. G. （2009）. Age differences in multiple outcome measures of time-based prospective memory. *Aging, Neuropsychology, and Cognition*, *16*（6）, 708-720.

Marsh, R. L., & Hicks, J. L.（1998）. Event-based prospective memory and executive control of working memory. *Journal of Experimental Psychology: Learning, Memory, and Cognition*, *24*（2）, 336-349.

Marsh, R. L., Hancock, T. W., & Hicks, J. L. （2002）. The demands of an ongoing activity influence the success of event-based prospective memory. *Psychonomic Bulletin & Review*, *9*（3）, 604-610.

Marsh, R. L., Hicks, J. L., & Bink, M. L.（1998）. Activation of completed, uncompleted, and partially completed intentions. *Journal of Experimental Psychology: Learning, Memory, and Cognition*, *24*（2）, 350-361.

Marsh, R. L., Hicks, J. L., & Hancock, T. W.（2000）. On the interaction of ongoing cognitive activity and the nature of an event-based intention. *Applied Cognitive Psychology*, *14*（7）, 29-41.

Marsh, R. L., Hicks, J. L., & Landau, J. D.（1998）. An investigation of everyday prospective memory. *Memory & Cognition*, *26*（4）, 633-643.

Marsh, R. L., Hicks, J. L., & Watson, V.（2002）. The dynamics of intention retrieval and coordination of action in event-based prospective memory. *Journal of Experimental Psychology: Learning, Memory, and Cognition*, *28*（4）, 652-659.

Marsh, R. L., Hicks, J. L., Cook, G. I., Hansen, J. S., & Pallos, A. L. （2003）. Interference to ongoing activities covaries with the characteristics of an event-based intention. *Journal of Experimental Psychology: Learning, Memory, and Cognition*, *29*（5）, 861-870.

Martin, M., & Kliegel, M. （2003）. The development of complex prospective memory performance in children. *Zeitschrift fur Entwicklungspsychologie und Padagogische Psychologie*, *35*（2）, 75-82.

Martin, M., Kliegel, M., & McDaniel, M. A. （2003）. The involvement of executive functions in prospective memory performance of adults. *International Journal of Psychology*, *38*（4）, 195-206.

Martin, T., McDaniel, M. A., Guynn, M. J., Houck, J. M., Woodruff, C. C., & Bish, J. P., et al. （2007）. Brain regions and their dynamics in prospective memory retrieval: A MEG study. *International Journal of Psychophysiology*, *64*（3）, 247-258.

Martins, S. P., & Damasceno, B. P.（2008）. Prospective and retrospective memory in mild Alzheimer's disease. *Arquivos de Neuro-Psiquiatria*, *66*（2）, 318-322.

Marx, I., Hübner, T., Herpertz, S. C., Berger, C., Reuter, E., & Kircher, T., et al. （2010）. Cross-sectional evaluation of cognitive functioning in children, adolescents and young adults with ADHD. *Journal of Neural Transmission*, *117*（3）, 403-419.

Masumoto, K., Nishimura, C., Tabuchi, M., & Fujita, A. （2011）. What factors influence prospective memory for elderly people in a naturalistic setting? *Japanese Psychological Research*, *53*（1）, 30-41.

Mathias, J. L., & Mansfield, K. M. （2005）. Prospective and declarative memory problems following moderate and severe traumatic brain injury. *Brain Injury*, *19*（4）, 271-282.

Mattli, F., Zöllig, J., & West, R.（2011）. Age-related differences in the temporal dynamics of prospective memory retrieval: A lifespan approach. *Neuropsychologia*, *49*（12）, 3494-3504.

Mattli, F., Schnitzspahn, K.M., Studerus-Germann, A., Brehmer, Y., Zöllig, J.（2014）. Prospective memory across the lifespan: Investigating the contribution of retrospective and prospective processes. *Aging Neuropsychology & Cognition*, *21*（5）, 515-543.

Maylor, E. A. （1990）. Age and prospective memory. *The Quarterly Journal of Experimental Psychology*, *42*（3）, 471-493.

Maylor, E. A. （1996）. Does Prospective Memory Decline with Age? In M. Brandimonte, G. O. Einstein, & M. A. McDaniel（ Eds. ）, *Prospective Memory: Theory and Applications*（ pp.173-197 ）. Mahwah: Lawrence Erlbaum.

Maylor, E. A., & Logie, R. H. （2010）. A large-scale comparison of prospective and retrospective memory development from childhood to middle age. *The Quarterly Journal of Experimental Psychology*, *63*（3）, 442-451.

Maylor, E.A., Smith, G., Della Sala, S., & Logie, R. H.（2002）. Prospective and retrospective memory in normal aging and dementia: An experimental study. *Memory & Cognition*, *30*（6）, 871-884.

McBride, D. M., Coane, J. H., Drwal, J., & LaRose, S. A. M. （2013）. Differential effects of delay on time-based prospective memory in younger and older adults. *Aging, Neuropsychology, and Cognition*, *20*（6）, 700-721.

McDaniel, L. S.（1990）. The effects of time pressure and audit program structure on audit performance. *Journal of Accounting Research*, *28*（2）, 267-285.

McDaniel, M. A. （1995）. Prospective memory: Progress and processes. *Psychology of Learning and Motivation*, *33*, 191-221.

McDaniel, M. A., & Einstein, G. O.（1993）. The importance of cue familiarity and cue distinctiveness in prospective memory. *Memory*, *1*（1）, 23-41.

McDaniel, M. A., & Einstein, G. O.（2000）. Strategic and automatic processes in prospective memory retrieval: A multiprocess framework. *Applied Cognitive Psychology*, *14*（7）, 127-144.

McDaniel, M. A., & Einstein, G. O.（2007）. *Prospective Memory: An Overview and Synthesis of An Emerging Field*. Thousand Oaks: Sage.

McDaniel, M. A., Einstein, G. O., & Rendell, P. G.（2008）. *The Puzzle of Inconsistent Age-related*

Declines in Prospective Memory： *A Multiprocess Explanation.* Paper presented in Meeting of the Psychonomic Society， Toronto， Canada.

McDaniel， M. A.， Robinson-Riegler， B.， & Einstein， G. O. (1998) . Prospective remembering： Perceptually driven or conceptually driven processes? *Memory & Cognition*， *26* (1)， 121-134.

McDaniel，M. A.，Einstein，G. O.，Stout，A. C.，& Morgan，Z.(2003). Aging and maintaining intentions over delays： Do it or lose it. *Psychology and Aging*， *18* (4)， 823-835.

McDaniel， M. A.， Glisky， E. L.， Guynn， M. J.， & Routhieaux， B. C. (1999) . Prospective memory： A neuropsychological study. *Neuropsychology*， *13* (1)， 103-110.

McDaniel， M. A.， Guynn， M. J.， Einstein， G. O.， & Breneiser， J. (2004) . Cue-focused and reflexive-associative processes in prospective memory retrieval. *Journal of Experimental Psychology*： *Learning*， *Memory*， *and Cognition*， *30* (3)， 605-614.

McDaniel， M. A.， Shelton， J. T.， Breneiser J. E.， Moynan， S.， & Balota， D. A. (2011) . Focal and nonfocal prospective memory performance in very mild dementia： A Signature Decline. *Neuropsychology*， 25 (3)， 387-396.

McKitrick， L. A.， & Camp， C. J. (1993) . Relearning the names of things： The spaced-retrieval intervention implemented by a caregiver. *Clinical Gerontologist*， *14* (2)， 60-62.

Mckitrick， L. A.， Camp， C. J.， & Black， F. W.(1992). Prospective memory intervention in Alzheimer's disease. *Journal of Gerontology*， *47* (5)， 337-343.

Meacham， J. A. (1977) . Soviet Investigations of Memory Development. In R. V. Kail， & J. W. Hagen (Eds.) . *Perspectives on the Development of Memory and Cognition* (pp.273-295) . Hillsdale， New Jersey： Lawrence Erlbaum.

Meacham， J. A. (1982) . A note on remembering to execute planned actions. *Journal of Applied Developmental Psychology*， *3* (2)， 121-133.

Meacham， J. A. (1988). Interpersonal Relations and Prospective Remembering. In M. M. Gruneberg， P. E. Morris， & R.N. Sykes(Eds.)， *Practical Aspects of Memory (* Vol. 1， pp.354-359) . Chichester： Wiley.

Meacham， J. A.， & Colombo， J. A. (1980) . External retrieval cues facilitate prospective remembering in children. *The Journal of Educational Research*， *73* (5)， 299-301.

Meacham， J. A.， & Dumitru， J. (1975) . Prospective Remembering and External Retrieval Cues. *Age Differences*， *13*， 1-13.

Meacham， J. A.， & Kushner， S. (1980) . Anxiety， prospective remembering， and performance of planned action. *Journal of General Psychology*， *103* (2)， 203-209.

Meacham， J. A.， & Leiman， B. (1975) . Remembering to perform future actions. Paper presented at the meeting of the American Psychological Association. September， Chicago. Also in U. Neisser (Eds.) (1982)， *Memory Observed.* San Francisco： Freeman.

Meacham， J. A.， & Leiman， B.(1982). Remembering to Perform Future Actions. In V. Neisser(Ed.)， *Memory Observed*： *Remembering in Natural Contexts* (pp.327-336) . San Francisco： W. H. Freeman and Company.

Meacham, J. A., & Singer, J. (1977). Incentive effects in prospective remembering. *The Journal of Psychology*, *97* (2), 191-197.

Mecklenbräuker, S., Steffens, M. C., Jelenec, P., & Goergens, N. K. (2011). Interactive context integration in children? Evidence from an action memory study. *Journal of Experimental Child Psychology*, *108* (4), 747-761.

Miller, L. T., & Vernon, P. A. (1996). Intelligence, reaction time, and working memory in 4- to 6-year-old children. *Intelligence*, *22* (2), 155-190.

Morris, C. D., Bransford, J. D., & Franks, J. J. (1977). Levels of processing versus transfer appropriate processing. *Journal of Verbal Learning and Verbal Behavior*, *16* (5), 519-533.

Morris, P. E.(1992). Prospective Memory: Remembering to Do Things. In M. Gruneberg, & P. Morris (Eds.), *Aspects of Memory* (Vol.1, pp.196-222). London: Routledge.

Morrow, D. G., Menard, W. E., Ridolfo, H. E., Stine-Morrow, E. A., Teller, T., & Bryant, D.(2003). Expertise, cognitive ability, and age effects on pilot communication. *The International Journal of Aviation Psychology*, *13* (4), 345-371.

Moscovitch, M. (1994). Memory and Working with Memory: Evaluation of a Component Process Model and Comparisons with Other Models. In D. L. Schacter & E. Tulving (Eds.), *Memory Systems* (pp.369-394). Cambridge: MIT Press.

Nater, U. M., Okere, U., Stallkamp, R., Moor, C., Ehlert, U., & Kliegel, M. (2006). Psychosocial stress enhances time-based prospective memory in healthy young men. *Neurobiology of Learning and Memory*, *86* (3), 344-348.

Neisser, U. (1978). Memory: What are the Important Questions? In M. M. Gruneberg, P. E. Morris, & R. N. Sykes (Eds.), *Practical Aspects of Memory* (pp. 3-24). London: Academic Press.

Neisser, U. (1982). *Memory Observed: Remembering in Natural Contexts*. San Francisco: Freeman.

Navon, D., & Gopher, D.(1979). Economy of the human-processing system. *Psychological Review*, *86* (3), 214-255.

Neumann, O. (1984). Automatic Processing: A Review of Recent Findings and a Plea for an Old Theory. In W. Prinz, & A. F. Sanders (Eds.), *Cognition and Motor Processes* (pp. 255-293). Berlin, Heidelberg: Springer Berlin Heidelberg.

Neupert, S. D., Patterson, T. R., Davis, A. A., & Allaire, J. C. (2011). Age differences in daily predictors of forgetting to take medication: The importance of context and cognition. *Experimental Aging Research*, *37* (4), 435-448.

Ng, S. H., Han, S., Mao, L., & Lai, J. C. (2010). Dynamic bicultural brains: fMRI study of their flexible neural representation of self and significant others in response to culture primes. *Asian Journal of Social Psychology*, *13* (2), 83-91.

Nigro, G., & Cicogna, P. (1999). Comparision between time-based and event-based prospective memory tasks. *Ricerche di Psicologia*, *23* (3), 55-70.

Nigro, G., Brandimonte, M. A., Cicogna, P., & Cosenza, M. (2014). Episodic future thinking as a predictor of children's prospective memory. *Journal of Experimental Child Psychology*, *127*,

82-94.

Nigro, G., Senese, V. P., Natullo, O., & Sergi, I. (2002). Preliminary remarks on type of task and delay in children's prospective memory. *Perceptual and Motor Skills*, *95* (2), 515-519.

Norman, D.A., & Shallice, T. (1986). Attention to action: Willed and automatic control of behaviour. In R. J. Davison, G. E. Schwartz, & D. Shapiro (Eds.), *Consciousness and Self-regulation* (Vol. 4, pp. 1-18). New York: Plenum.

Nowinski, J. L., & Dismukes, K. (2005). Effects of ongoing task context and target typicality on prospective memory performance: The importance of associative cueing. *Memory*, *13*(6), 649-657.

Nyberg, L., Cabeza, R., & Tulving, E. (1996). PET studies of encoding and retrieval: The HERA model. *Psychonomic Bulletin & Review*, *3* (2), 135-148.

Okuda, J., Fujii, T., Umetsu, A., Tsukiura, T., Suzuki, M., & Nagasaka, T., et al. (2001). A functional MRI study of prospective memory. *Neuroimage*, *13* (6), 716.

Okuda, J., Fujii, T., Yamadori, A., Kawashima, R., Tsukiura, T., & Fukatsu, R., et al. (1998). Participation of the prefrontal cortices in prospective memory: Evidence from a PET study in humans. *Neuroscience Letters*, *253* (2), 127-130.

Oriani, M., Moniz-Cook, E., Binetti, G., Zanieri, G., Frisoni, G., & Geroldi, C., et al. (2003). An electronic memory aid to support prospective memory in patients in the early stages of Alzheimer's disease: A pilot study. *Aging & Mental Health*, *7* (1), 22-27.

Otani, H., Landau, J. D., Libkuman, T. M., Louis, J. P. S., Kazen, J. K., & Throne, G. W.(1997). Prospective memory and divided attention. *Memory*, *5* (3), 343-360.

Overtoom, C. C., Verbaten, M. N., Kemner, C., Kenemans, J., Van Engeland, H., & Buitelaar, J. K., et al. (1998). Associations between event-related potentials and measures of attention and inhibition in the Continuous Performance Task in children with ADHD and normal controls. *Journal of the American Academy of Child & Adolescent Psychiatry*, *37* (9), 977-985.

Papagno, C., Allegra, A., & Cardaci, M. (2004). Time estimation in Alzheimer's disease and the role of the central executive. *Brain and Cognition*, *54* (1), 18-23.

Park, D. C., Hertzog, C., Kidder, D. P., Morrell, R. W., & Mayhorn, C. B. (1997). Effect of age on event-based and time-based prospective memory. *Psychology and Aging*, *12* (2), 314-327.

Park, D. C., & Kidder, D. P. (1996). Prospective Memory and Medication Adherence. In M. Brandimonte, G. O. Einstein, & M. A. McDaniel (Eds.), *Prospective Memory: Theory and Applications* (pp.369-390). Mahwah: Erlbaum.

Park, D. C., & Reuter-Lorenz, P. (2009). The adaptive brain: Aging and neurocognitive scaffolding. *Annual Review of Psychology*, *60*, 173-196.

Passolunghi, M. C., & Brandimonte, M. A.(1994). The effect of cue-familiarity, cue-distinctiveness, and retention interval on prospective remembering. *The Quarterly Journal of Experimental Psychology*, *47* (3), 565-587.

Passolunghi, M. C., Brandimonte, M. A., & Cornoldi, C.(1995). Encoding modality and prospective memory in children. *International Journal of Behavioral Development*, *18* (4), 631-648.

Patterson, C. （2018）. World Alzheimer Report 2018. *The State of the Art of Dementia Research: New Frontiers. An Analysis of Prevalence , Incidence , Cost and Trends*. Alzheimer's Disease International, （ADI）, London. http：//www.alz.co.uk/research/files/Worldalzheimerreport.pdf. September 2018.

Paus, T., Collins, D., Evans, A., Leonard, G., Pike, B., & Zijdenbos, A. （2001）. Maturation of white matter in the human brain：A review of magnetic resonance studies. *Brain Research Bulletin*, *54*（3）, 255-266.

Pennington, B. F., & Ozonoff, S. （1996）. Executive functions and developmental psychopathology. *Journal of Child Psychology and Psychiatry*, *37*（1）, 51- 87.

Pereira, A., Ellis, J. A., & Freeman, J. E. （2012a）. The effects of age, enactment, and cue-action relatedness on memory for intentions in the virtual week task. *Neuropsychology Development & Cognition*, *19*（5）, 549-565.

Pereira, A., Ellis, J. A., & Freeman, J. E. （2012b）. Is prospective memory enhanced by cue-action semantic relatedness and enactment at encoding? *Consciousness & Cognition*, *21*（3）, 1257-1266.

Perry, R. J., & Hodge, J. R.（1999）. Attention and executive deficits in Alzheimer's disease：A critical review. *Brain*, *122 （3）*, 383-404.

Peterson, R. C.（2004）. Mild cognitive impairment as a diagnostic entity. *Journal of Internal Medicine*, *256*（3）, 183-194.

Pfefferbaum, A., Mathalon, D. H., Sullivan, E. V., Rawles, J. M., Zipursky, R. B., & Lim, K. O. （1994）. A quantitative magnetic resonance imaging study of changes in brain morphology from infancy to late adulthood. *Archives of Neurology*, *51*（9）, 874-887.

Planalp, S. （1987）. Interplay between Relational Knowledge and Events. In R. Burnett, P. McGhee, & D. Clarke （Eds.）, *Accounting for Relationships：Explanation, Representation and Knowledge* （pp. 175-191）. New York：Methuen.

Poppenk, J., Moscovitch, M., McIntosh, A. R., Ozcelik, E., & Craik, F. I. M. （2010）. Encoding the future：Successful processing of intentions engages predictive brain networks. *Neuroimage*, *49*（1）, 905-913.

Posner, M. I., & Snyder, C. R. R. （2004）. Attention and cognitive control. *Acta Neurologica Scandinavica*, *74*（109）, 91-96.

Qiu, C., Winblad, B., Fastbom, J., & Fratiglioni, L. （2003）. Combined effects of apoe genotype, blood pressure, and antihypertensive drug use on incident ad. *Neurology*, *61*（5）, 655-660.

Reardon, L. B., & Moore, D. M. （1988）. The effect of organization strategy and cognitive styles on learning from complex instructional visuals. *International Journal of Instructional Media*, *15*（4）, 253-363.

Reason, J. T., & Mycielska, K.（1982）. *Absent-Minded? The Psychology of Mental Lapses and Everyday Errors*. Englewood Cliffs：Prentice-Hall.

Reese, C. M., & Cherry, K. E. （2002）. The effects of age, ability, and memory monitoring on prospective memory task performance. *Aging, Neuropsychology, and Cognition*, *9*（2）, 98-113.

Reitz, C., & Mayeux, R.(2009). Use of genetic variation as biomarkers for Alzheimer's disease. *Annals of the New York Academy of Sciences*, *1180*（1）, 75-96.

Rendell, P. G., & Craik, F. I. M.（2000）. Virtual week and actual week: Age-related differences in prospective memory. *Applied Cognitive Psychology*, *14*（7）, 43-62.

Rendell, P. G., & Thomson, D. M.（1993）. The effect of ageing on remembering to remember: An investigation of simulated medication regimens. *Australian Journal on Ageing*, *12*（1）, 11-18.

Rendell, P. G., & Thomson, D. M.（1999）. Aging and prospective memory: Differences between naturalistic and laboratory tasks. *The Journals of Gerontology Series B: Psychological Sciences and Social Sciences*, *54*（4）, 256-269.

Rendell, P. G., Vella, M. J., Kliegel, M., & Terrett, G.(2009). Effect of delay on children's delay-execute prospective memory performance. *Cognitive Development*, *24*（2）, 156-168.

Reynolds, J. R., West, R., & Braver, T.（2009）. Distinct neural circuits support transient and sustained processes in prospective memory and working memory. *Cerebral Cortex*, *19*（5）, 1208-1221.

Rich, J. B., Svoboda, E., & Brown, G. G.(2006). Diazepam-induced prospective memory impairment and its relation to retrospective memory, attention, and arousal. *Human Psychopharmacology*, *21*（2）, 101-108.

Richardson-Klavehn, A., & Bjork, R. A.（1988）. Primary versus secondary rehearsal in an imagined voice: Differential effects on recognition memory and perceptual identification. *Bulletin of the Psychonomic Society*, *26*（3）, 187-190.

Robey, A., Buckingham-Howes, S., Salmeron, B. J., Black, M. M., & Riggins, T.(2014). Relations among prospective memory, cognitive abilities, and brain structure in adolescents who vary in prenatal drug exposure. *Journal of Experimental Child Psychology*, *127*（4）, 144-162.

Roche, R. A., Garavan, H., Foxe, J. J., & O'Mara, S. M.(2005). Individual differences discriminate event-related potentials but not performance during response inhibition. *Experimental Brain Research*, *160*（1）, 60-70.

Romine, C. B., & Reynolds, C. R.（2005）. A model of the development of frontal lobe functioning: Findings from a meta-analysis. *Applied Neuropsychology*, *12*（4）, 190-201.

Rude, S. S., Hertel, P. T., Jarrold, W., Covich, J., & Hedlund, S.（1999）. Depression-related impairments in prospective memory. *Cognition & Emotion*, *13*（3）, 267-276.

Rusted, J., Ruest, T., & Gray, M. A.(2011). Acute effects of nicotine administration during prospective memory, an event related fMRI study. *Neuropsychologia*, *49*（9）, 2362-2368.

Rusted, J. M., Trawley, S., Heath, J., Kettle, G., & Walker, H.(2005). Nicotine improves memory for delayed intentions. *Psychopharmacology*, *182*（3）, 355-365.

Safren, S. A., Otto, M. W., Sprich, S., Winett, C. L., Wilens, T. E., & Biederman, J.（2005）. Cognitive-behavioral therapy for ADHD in medication-treated adults with continued symptoms. *Behaviour Research and Therapy*, *43*（7）, 831-842.

Salthouse, T. A., Atkinson, T. M., & Berish, D. E.(2003). Executive functioning as a potential mediator of age-related cognitive decline in normal adults. *Journal of Experimental Psychology: General*,

132（4）, 566-594.

Salthouse, T. A., Berish, D. E., & Siedlecki, K. L.（2004）. Construct validity and age sensitivity of prospective memory. *Memory & Cognition*, *32*（7）, 1133-1148.

Sampaio, R. C., & Truwit, C. L.（2001）. Myelination in the Developing Human Brain. In M. L. Collins（Ed.）, *Handbook of Developmental Cognitive Neuroscience*（pp.35-44）. Cambridge: MIT Press.

Sanan, D. A., Weisgraber, K. H., Russell, S. J., Mahley, R. W., Huang, D., & Saunders, A., et al.（1994）. Apolipoprotein E associates with beta amyloid peptide of Alzheimer's disease to form novel monofibrils. Isoform apoE4 associates more efficiently than apoE3. *Journal of Clinical Investigation*, *94*（2）, 860-869.

Satterfield, J. H., Cantwell, D. P., & Satterfield, B. T.（1974）. Pathophysiology of the hyperactive child syndrome. *Archives of General Psychiatry*, *31*（6）, 839-844.

Schaefer, E. G., Kozak, M. V., & Sagness, K.（1998）. The role of enactment in prospective remembering. *Memory & Cognition*, *26*（4）, 644-650.

Schmidt, I. W., Berg, I. J., & Deelman, B. G.（2001）. Prospective memory training in older adults. *Educational Gerontology*, *27*（6）, 455-478.

Schmitter-Edgecombe, M., & Wright, M. J.（2004）. Event-based prospective memory following severe closed-head injury. *Neuropsychology*, *18*（2）, 353-361.

Schnitzspahn, K. M., Ihle, A., Henry, J. D., Rendell, P. G., & Kliegel, M.（2011）. The age-prospective memory-paradox: An exploration of possible mechanisms. *International Psychogeriatrics*, *23*（4）, 583-592.

Schnitzspahn, K. M., Stahl, C., Zeintl, M., Kaller, C. P., & Kliegel, M.（2013）. The role of shifting, updating, and inhibition in prospective memory performance in young and older adults. *Developmental Psychology*, *49*（8）, 1544-1553.

Schneider, W., & Shiffrin, R. M.（1977）. Controlled and automatic human information processing: I. Detection, search, and attention. *Psychological Review*, *84*（1）, 1-66.

Schneider, W., Knopf, M., & Stefanek, J.（2002）. The development of verbal memory in childhood and adolescence: Findings from the Munich Longitudinal Study. *Journal of Educational Psychology*, *94*（4）, 751-761.

Scullin, M. K., Bugg, J. M., & McDaniel, M. A.（2012）. Whoops, I did it again: Commission errors in prospective memory. *Psychology and Aging*, *27*（1）, 46-53.

Scullin, M. K., McDaniel, M. A., & Shelton, J. T.（2013）. The dynamic multiprocess framework: Evidence from prospective memory with contextual variability. *Cognitive Psychology*, *67*（1）, 55-71.

Scullin, M. K., Bugg, J. M., McDaniel, M. A., & Einstein, G. O.（2011）. Prospective memory and aging: Preserved spontaneous retrieval, but impaired deactivation, in older adults. *Memory & Cognition*, *39*（7）, 1232-1240.

Searleman, A.（1996）. Personality Variables and Prospective Memory Performance. In D, J. Herrmann, C. McEvoy, C. Hertzog, P. Hertel, & M. K. Johnson（Eds.）, *Basic and Applied Memory Research: Practical Applications*,（Vol. 2, pp. 111-119）. Hove, East Sussex: Psychology Press.

Sergeant, J. (2000). The cognitive-energetic model: An empirical approach to attention-deficit hyperactivity disorder. *Neuroscience & Biobehavioral Reviews*, *24* (1), 7-12.

Sergeant, J. A., Geurts, H., & Oosterlaan, J.(2002). How specific is a deficit of executive functioning for attention-deficit/hyperactivity disorder? *Behavioural Brain Research*, *130* (1-2), 3-28.

Shah, J. (2003). The motivational looking glass: How significant others implicitly affect goal appraisals. *Journal of Personality and Social Psychology*, *85* (3), 424-439.

Shallice, T.(1982). Specific impairments of planning. *Philosophical Transactions of the Royal Society of London. Series B*, *Biological Sciences*, *298* (1089), 199-209.

Shallice, T., & Burgess, P. W. (1991). Deficits in strategy application following frontal lobe damage in man. *Brain*, *114* (2), 727-741.

Shapiro, S., & Krishnan, H. S. (1999). Consumer memory for intentions: A prospective memory perspective. *Journal of Experimental Psychology: Applied*, *5* (2), 169-189.

Shepperd, J. A., & Arkin, R. M. (1991). Behavioral other-enhancement: Strategically obscuring the link between performance and evaluation. *Journal of Personality and Social Psychology*, *60* (1), 79-88.

Shiffrin, R. M., & Schneider, W. (1977). Controlled and automatic human information processing: II. Perceptual learning, automatic attending and a general theory. *Psychological Review*, *84* (2), 127-190.

Shing, Y. L., Werkle-Bergner, M., Li, S. C., & Lindenberger, U.(2008). Associative and strategic components of episodic memory: A life-span dissociation. *Journal of Experimental Psychology: General*, *137* (3), 495-513.

Shum, D., Levin, H., & Chan, R. C.(2011). Prospective memory in patients with closed head injury: A review. *Neuropsychologia*, *49* (8), 2156-2176.

Shum, D., Cross, B., Ford, R., & Ownsworth, T.(2008). A developmental investigation of prospective memory: Effects of interruption. *Child Neuropsychology*, *14* (6), 547-561.

Siklos, S., & Kerns, K. A. (2004). Assessing multitasking in children with ADHD using a modified Six Elements Test. *Archives of Clinical Neuropsychology*, *19* (3), 347-361.

Simons, J. S., Scholvinck, M. L., Gilbert, S. J., Frith, C. D., & Burgess, P. W.(2006). Differential components of prospective memory? Evidence from fMRI. *Neuropsychologia*, *44*(8), 1388-1397.

Skorinko, J. L., Sinclair, S., & Conklin, L. (2012). Perspective taking shapes the impact of significant-other representations. *Self and Identity*, *11* (2), 170-184.

Slavin, M. J., Mattingley, J. B., Bradshaw, J. L., & Storey, E. (2002). Local-global processing in Alzheimer's disease: An examination of interference, inhibition and priming. *Neuropsychologia*, *40* (8), 1173-1186.

Solanto, M. V., Abikoff, H., Sonuga-Barke, E., Schachar, R., Logan, G. D., Wigal, T., ... & Turkel, E. (2001). The ecological validity of delay aversion and response inhibition as measures of impulsivity in AD/HD: A supplement to the NIMH multimodal treatment study of AD/HD. *Journal of Abnormal Child Psychology*, *29* (3), 215-228.

Ślusarczyk, E., & Niedźwieńska, A. (2013). A naturalistic study of prospective memory in preschoolers: The role of task interruption and motivation. *Cognitive Development*, *28* (3), 179-192.

Small, B. J., Basun, H., & Bäckman, L. (1998). Three-year changes in cognitive performance as a function of apolipoprotein E genotype: Evidence from very old adults without dementia. *Psychology and Aging*, *13* (1), 80-87.

Small, B. J., Rosnick, C. B., Fratiglioni, L., & Bäckman, L. (2004). Apolipoprotein E and cognitive performance: A meta-analysis. *Psychology and Aging*, *19* (4), 592-600.

Small, B. J., Graves, A. B., Mcevoy, C. L., Crawford, F. C., Mullan, M., & Mortimer, J. A. (2000). Is APOE-epsilon 4 a risk factor for cognitive impairment in normal aging? *Neurology*, *54* (11), 2082-2088.

Smith, R. E. (2003). The cost of remembering to remember in event-based prospective memory: Investigating the capacity demands of delayed intention performance. *Journal of Experimental Psychology: Learning, Memory, and Cognition*, *29* (3), 347-361.

Smith, R. E., & Bayen, U. J. (2004). A multinomial model of event-based prospective memory. *Journal of Experimental Psychology: Learning, Memory, and Cognition*, *30* (4), 756-777.

Smith, R. E., Bayen, U. J., & Martin, C. (2010). The cognitive processes underlying event-based prospective memory in school-age children and young adults: A formal model-based study. *Developmental Psychology*, *46* (1), 230-244.

Smith, G., Del Sala, S., Logie, R. H., & Maylor, E. A. (2000). Prospective and retrospective memory in normal aging and dementia: A questionnaire study. *Memory*, *8* (5), 311-321.

Somerville, S. C., Wellman, H. M., & Cultice, J. C. (1983). Young children's deliberate reminding. *The Journal of Genetic Psychology*, *143* (1), 87-96.

Spencer, T. J., Biederman, J., & Mick, E. (2007). Attention-deficit/hyperactivity disorder: Diagnosis, lifespan, comorbidities, and neurobiology. *Journal of Pediatric Psychology*, *32* (6), 631-642.

Spence, S. H., Rapee, R., Mcdonald, C., & Ingram, M. (2001). The structure of anxiety symptoms among preschoolers. *Behaviour Research & Therapy*, *39* (11), 1293-1316.

Spielberger, C. D. (1983). *Manual for the State-Trait Anxiety Inventory STAI (Form Y)*. Palo Alto: Consulting Psychologists Press.

Spiess, M. A., Meier, B., & Roebers, C. M. (2015). Prospective memory, executive functions, and metacognition are already differentiated in young elementary school children: Evidence from latent factor modeling. *Swiss Journal of Psychology*, *74* (4), 229-241.

Squire, L. R. (1986). Mechanisms of memory. *Science*, *232* (4758), 1612-1619.

Sternberg, R. J., Grigorenko, E. L., & Zhang, L. F. (2008). Styles of learning and thinking matter in instruction and assessment. *Perspectives on Psychological Science*, *3* (6), 486-506.

Stone, M., Dismukes, K., & Remington, R. (2001). Prospective memory in dynamic environments: Effects of load, delay, and phonological rehearsal. *Memory*, *9* (3), 165-176.

Stuss, D. T. (1992). Biological and psychological development of executive functions. *Brain and*

Cognition, *20* (1), 8-23.

Sunderland, A., Harris, J. E., & Gleave, J.(1984). Memory failures in everyday life following severe head injury. *Journal of Clinical and Experimental Neuropsychology*, *6* (2), 127-142.

Swanson, H. L., & Ashbaker, M. H. (2000). Working memory, short-term memory, speech rate, word recognition and reading comprehension in learning disabled readers: Does the executive system have a role? *Intelligence*, *28* (1), 1-30.

Tam, J. W., Schmitter-Edgecombe, M. (2013). Event-based prospective memory and everyday forgetting in healthy older adults and individuals with mild cognitive impairment. *Journal of Clinical and Experimental Neuropsychology*, 35 (3), 279-290.

Terrace, H. S. (1963). Discrimination learning with and without "errors". *Journal of the Experimental Analysis of Behavior*, *6* (1), 1-27.

Terry, W. S. (1988). Everyday forgetting: Data from a diary study. *Psychological Reports*, *62* (1), 299-303.

Thome, J., & Reddy, D. P. (2009). The current status of research into attention deficit hyperactivity disorder: Proceedings of the 2nd international congress on ADHD: From childhood to adult disease. *ADHD Attention Deficit and Hyperactivity Disorders*, *1* (2), 165-174.

Tomiyama, T., Corder, E. H., & Mori, H.(1999). Molecular pathogenesis of apolipoprotein e-mediated amyloidosis in late-onset Alzheimer's disease. *Cellular & Molecular Life Sciences*, *56* (3-4), 268-279.

Toppino, T. C.(1991). The spacing effect in young children's free recall: Support for automatic-process explanations. *Memory & Cognition*, *19* (2), 159-167.

Tulving, E. (1983). *Elements of Episodic Memory*. New York: Clarendon Press.

Umeda, S., Nagumo, Y., & Kato, M. (2006). Dissociative contributions of medial temporal and frontal regions to prospective remembering. *Reviews in the Neurosciences*, *17* (1-2), 267-278.

Van den Berg, S. M. (2002). Prospective memory: From intention to action. *Conscious Cognition*, *16* (4), 997-1004.

Van Der Flier, W. M., Van Den Heuvel, D. M., Weverling-Rijnsburger, A. W., Bollen, E. L., Westendorp, R. G., Van Buchem, M. A., & Middelkoop, H. A. (2002). Magnetization transfer imaging in normal aging, mild cognitive impairment, and Alzheimer's disease. *Annals of Neurology: Official Journal of the American Neurological Association and the Child Neurology Society*, *52* (1), 62-67.

Vargha-Khadem, F., Gadian, D. G., Watkins, K. E., Connelly, A., Van Paesschen, W., & Mishkin, M. (1997). Differential effects of early hippocampal pathology on episodic and semantic memory. *Science*, *277* (5324), 376-380.

Vedhara, K., Wadsworth, E., Norman, P., Searlea, A., Mitchellc, J., Macraec, N., et al.(2004). Habitual prospective memory in elderly patients with type 2 diabetes: Implications for medication adherence. *Psychology*, *Health & Medicine*, *9* (1), 17-27.

Villa, K. K., & Abeles, N. (2000). Broad spectrum intervention and the remediation of prospective memory declines in the able elderly. *Aging & Mental Health*, *4 (1)*, 21-29.

Voigt, V., Aberle, I., Schönfeld, J. & Kliegel, M. (2011). Time-based prospective memory in school-children - the role of self-initiation and strategic time-monitoring. *Journal of Psychology*, *219* (2), 92-99.

Vortac, O., Edwards, M. B., Fuller, D. K., & Manning, C. A. (1993). Automation and cognition in air traffic control: An empirical investigation. *Applied Cognitive Psychology*, *7* (7), 631-651.

Vortac, O., Edwards, M. B., & Manning, C. A. (1995). Functions of external cues in prospective memory. *Memory*, *3* (2), 201-219.

Walsh, S. J., Martin, G. M., & Courage, M. L. (2014). The development of prospective memory in preschool children using naturalistic tasks. *Journal of experimental child psychology*, *127*, 8-23.

Wang, L., Kliegel, M., Yang, Z., & Liu, W. (2006). Prospective memory performance across adolescence. *Journal of Genetic Psychology*, *167* (2), 179-188.

Wang, L., Kliegel, M., Liu, W., & Yang, Z.(2008). Prospective memory performance in preschoolers: Inhibitory control matters. *European Journal of Developmental Psychology*, *5* (3), 289-302.

Wang, L., Altgassen, M., Liu, W., Xiong, W., Akgün, C., & Kliegel, M. (2011). Prospective memory across adolescence: The effects of age and cue focality. *Developmental Psychology*, *47* (1), 226-232.

Ward, H., Shum, D., McKinlay, L., Baker-Tweney, S., & Wallace, G. (2005). Development of prospective memory: Tasks based on the prefrontal-lobe model. *Child Neuropsychology*, *11*(6), 527-549.

Ward, H., Shum, D., McKinlay, L., Baker, S., & Wallace, G. (2007). Prospective memory and pediatric traumatic brain injury: Effects of cognitive demand. *Child Neuropsychology*, *13* (3), 219-239.

Warrington, E. K., & Weiskrantz, L. (1968). New method of testing long-term retention with special reference to amnesic patients. *Nature*, *217* (5132), 972-974.

Waugh, N. (1999). *Self-report of the the Young, Middle-aged, Young-old and Old-old Individuals on Prospective Memory Functioning* (Doctoral dissertation). Griffith University.

Waugh, N. C., & Norman, D. A. (1965). Primary memory. *Psychological Review*, *72* (2), 89-104.

Weiskrantz, L., Warrington, E. K., Sanders, M. D., & Marshall, J. (1974). Visual capacity in the hemianopic field following a restricted occipital ablation. *Brain*, *97* (1), 709-728.

West, R. (2007). The influence of strategic monitoring on the neural correlates of prospective memory. *Memory & Cognition*, *35* (5), 1034-1046.

West, R. L. (1988). Prospective Memory and Aging. In M. M. Gruneberg, P. E. Morris, & R. N. Sykes (Eds.), *Practical Aspects of Memory: Current Research and Issues, Vol. 2: Clinical and Educational Implications* (pp. 119-125). Oxford: John Wiley & Sons.

West, R. (2008). The Cognitive Neuroscience of Prospective Memory. In M. Kliegel, M. A. McDaniel, & G. O. Einstein (Eds.), *Prospective Memory: Cognitive, Neuroscience, Developmental, and Applied Perspectives* (pp. 261-282). New York, NY: Taylor & Francis

Group/Lawrence Erlbaum Associates.

West, R. (2011). The temporal dynamics of prospective memory: A review of the ERP and prospective memory literature. *Neuropsychologia*, *49* (8), 2233-2245.

West, R., & Bowry, R. (2005). Effects of aging and working memory demands on prospective memory. *Psychophysiology*, *42* (6), 698-712.

West, R., & Covell, E. (2001). Effects of aging on event-related neural activity related to prospective memory. *Neuroreport*, *12* (13), 2855-2858.

West, R., & Craik, F. I. (1999). Age-related decline in prospective memory: The roles of cue accessibility and cue sensitivity. *Psychology and Aging*, *14* (2), 264-272.

West, R., & Craik, F. I. (2001). Influences on the efficiency of prospective memory in younger and older adults. *Psychology and Aging*, *16* (4), 682-696.

West, R., & Krompinger, J. (2005). Neural correlates of prospective and retrospective memory. *Neuropsychologia*, *43* (3), 418-433.

West, R., & Ross-Munroe, K. (2002). Neural correlates of the formation and realization of delayed intentions. *Cognitive, Affective, & Behavioral Neuroscience*, *2* (2), 162-173.

West, R., Bowry, R., & Krompinger, J. (2006). The effects of working memory demands on the neural correlates of prospective memory. *Neuropsychologia*, *44* (2), 197-207.

West, R., Herndon, R. W., & Covell, E. (2003). Neural correlates of age-related declines in the formation and realization of delayed intentions. *Psychology and Aging*, *18* (3), 461-473.

West, R., Herndon, R. W., & Crewdson, S. J. (2001). Neural activity associated with the realization of a delayed intention. *Cognitive Brain Research*, *12* (1), 1-9.

West, R., Wymbs, N., Jakubek, K., & Herndon, R. W. (2003). Effects of intention load and background context on prospective remembering: An event-related brain potential study. *Psychophysiology*, *40* (2), 260-276.

Whittlesea, B. W. A., & Williams, L. D. (1998). Why do strangers feel familiar, but friends don't? The unexpected basis of feelings of familiarity. *Acta Psychologica*, *98* (2-3), 141-166.

Whittlesea, B. W. A., & Williams, L. D. (2001a). The discrepancy attribution hypothesis: Ⅰ. The heuristic basis of feelings of familiarity. *Journal of Experimental Psychology: Learning, Memory, and Cognition*, *27* (1), 3-13.

Whittlesea, B. W. A., & Williams, L. D. (2001b). The discrepancy attribution hypothesis: Ⅱ. Expectation, uncertainty, surprise, and feelings of familiarity. *Journal of Experimental Psychology: Learning, Memory, and Cognition*, *27* (1), 14-33.

Wilkins, A. J. (1986). Remembering to do things in the laboratory and everyday life. *Acta Neurologica Scandinavica*, *74* (109), 109-112.

Wilson, B., Cockburn, J., Baddeley, A., & Hiorns, R. (1989). The development and validation of a test battery for detecting and monitoring everyday memory problems. *Journal of Clinical and Experimental Neuropsychology*, *11* (6), 855-870.

Wilson, B. A., Emslie, H., Foley, J., Shiel, A., Watson, P., Hawkins, K., et al. (2005). *The*

Cambridge Prospective Memory Test. London: Harcourt.

Winograd, E. (1988). Some Observations on Prospective Remembering. In M. M. Gruneberg, P. E. Morris, & R. N. Sykes (Eds.), *Practical Aspects of Memory: Current Research and Issues* (Vol. 1, pp. 348-353). Oxford: John Wiley & Sons.

Witkin, H. A., & Goodenough, D. R. (1981). Cognitive styles: Essence and origins. Field dependence and field independence. *Psychological Issues*, *51* (51), 1-141.

Yang, T., Chan, R. C. K., & Shum, D. (2011). The development of prospective memory in typically developing children. *Neuropsychology*, *25* (3), 342-352.

Yasuda, K., Misu, T., Beckman, B., Watanabe, O., Ozawa, Y., & Nakamura, T. (2002). Use of an IC recorder as a voice output memory aid for patients with prospective memory impairment. *Neuropsychological Rehabilitation*, *12* (2), 155-166.

Yi, L., Fan, Y., Joseph, L., Huang, D., Wang, X., Li, J., & Zou, X. (2014). Event-based prospective memory in children with autism spectrum disorder: The role of executive function. *Research in Autism Spectrum Disorders*, *8* (6), 654-660.

Yonelinas, A. P., & Jacoby, L. L. (1995). Dissociating automatic and controlled processes in a memory-search task: Beyond implicit memory. *Psychological Research*, *57* (3-4), 156-165.

Zeelenberg, R., Wagenmakers, E.-J. M., & Raaijmakers, J. G. (2002). Priming in implicit memory tasks: Prior study causes enhanced dicriminality, not only bias. *Journal of Experimental Psychology: General*, *131* (1), 38-47.

Zelazo, P. D., & Müller, U. (2010). Executive Function in Typical and Atypical Development. In U. Goswami (Ed.), *The Wiley-Blackwell Handbook of Childhood Cognitive Development* (pp. 574-603). Oxford: Blackwell.

Zhang, X., Ballhausen, N., Liu, S., Kliegel, M., & Wang, L. (2019). The effects of ongoing task absorption on event-based prospective memory in preschoolers. *European Journal of Developmental Psychology*, *16* (2), 123-136.

Zhang, X. Y., Zuber, S., Liu, S., Kliegel, M. & Wang, L. J. (2017). The effects of task instructor status on prospective memory performance inpreschoolers. *European Journal of Developmental Psychology*, *14* (1), 102-117.

Zimmermann, T. D., & Meier, B. (2006). The rise and decline of prospective memory performance across the lifespan. *The Quarterly Journal of Experimental Psychology*, *59* (12), 2040-2046.

Zinke, K., Altgassen, M., Mackinlay, R. J., Rizzo, P., Drechsler, R., & Kliegel, M. (2010). Time-based prospective memory performance and time-monitoring in children with ADHD. *Child Neuropsychology*, *16* (4), 338-349.

Zöllig, J., Martin, M., & Kliegel, M. (2010). Forming intentions successfully: Differential compensational mechanisms of adolescents and old adults. *Cortex*, *46* (4), 575-589.

Zöllig, J., West, R., Martin, M., Altgassen, M., Lemke, U., & Kliegel, M. (2007). Neural correlates of prospective memory across the lifespan. *Neuropsychologia*, *45* (14), 3299-3314.

P后　记
ostscript

　　本书的三位作者是在华东师范大学攻读基础心理学博士学位期间的同窗。在书稿付梓之际，我们再一次满怀敬意地感谢导师杨治良先生，是他引领我们进入了前瞻记忆这一引人入胜的研究领域。在本书写作过程中，我们时常回忆起 2003 年秋天的一个早上，在华东师范大学圆形心理实验中心一间简朴的工作室中，先生第一次就前瞻记忆的概念和研究现状向我们娓娓道来："意向"这一概念出自哪里？第一个前瞻记忆实证研究是如何实施的？经典的双任务范式何以得到研究者的认可？当前世界上有哪几个实验室在关注前瞻记忆？进展如何？……窗外，秋意正浓，阳光如雨。

　　从那天起，在先生的指导下，我们从不同方向对前瞻记忆这一日常生活中重要的记忆类型进行了探讨，主要涉及不同年龄、不同认知水平群体的前瞻记忆能力及其认知机制研究。博士毕业后，我们虽然身处三所高校，主要研究方向甚至工作性质亦不尽相同，但都一直参与或关注前瞻记忆领域的研究课题。本书即是基于我们攻读博士学位期间以及近年来的研究成果撰写而成，主要从发展的视角对前瞻记忆的理论框架、研究方法，正常个体前瞻记忆的发展特点，以及异常个体——ADHD 儿童、阿尔茨海默病患者等前瞻记忆的特点进行了梳理。本书引用了大量国内外前瞻记忆领域的研究成果，在此对这些研究者表示衷心感谢。

　　我们还要感谢科学出版社编辑孙文影女士，是她的辛勤工作和付出使本书得以及时出版；感谢东北师范大学心理学院对本书相关研究的支持；感谢前辈和同事多年来的帮助和有建设性的讨论；感谢研究生李广政、张馨元、于战宇、刘思、尹月阳、任智、王胤雅、张竹天、牛凯宁、张鑫、柳东林、乔琳等在书稿完善和校对过程中所做的大量工作。

我们虽然多次认真讨论并仔细修改，但受学识和水平所限，本书难免有疏漏和不足之处，欢迎专家和同行提出宝贵意见和建议，以便将来对本书进行不断修正和完善。

王丽娟　刘　伟　郭　纬

2019 年 5 月